格致方法·定量研究系列　吴晓刚　主编

样条回归模型

[美] 劳伦斯·C.马希(Lawrence C. Marsh)
戴维·R.科米尔(David R. Cormier) 著

缪佳 译　许多多 校

SAGE Publications, Inc.

格致出版社 上海人民出版社

出版说明

由香港科技大学社会科学部吴晓刚教授主编的"格致方法·定量研究系列"丛书，精选了世界著名的 SAGE 出版社定量社会科学研究丛书，翻译成中文，起初集结成八册，于 2011 年出版。这套丛书自出版以来，受到广大读者特别是年轻一代社会科学工作者的热烈欢迎。为了给广大读者提供更多的方便和选择，该丛书经过修订和校正，于 2012 年以单行本的形式再次出版发行，共 37 本。我们衷心感谢广大读者的支持和建议。

随着与 SAGE 出版社合作的进一步深化，我们又从丛书中精选了三十多个品种，译成中文，以飨读者。丛书新增品种涵盖了更多的定量研究方法。我们希望本丛书单行本的继续出版能为推动国内社会科学定量研究的教学和研究作出一点贡献。

总 序

　　2003 年,我赴港工作,在香港科技大学社会科学部教授研究生的两门核心定量方法课程。香港科技大学社会科学部自创建以来,非常重视社会科学研究方法论的训练。我开设的第一门课"社会科学里的统计学"（Statistics for Social Science）为所有研究型硕士生和博士生的必修课,而第二门课"社会科学中的定量分析"为博士生的必修课（事实上,大部分硕士生在修完第一门课后都会继续选修第二门课）。我在讲授这两门课的时候,根据社会科学研究生的数理基础比较薄弱的特点,尽量避免复杂的数学公式推导,而用具体的例子,结合语言和图形,帮助学生理解统计的基本概念和模型。课程的重点放在如何应用定量分析模型研究社会实际问题上,即社会研究者主要为定量统计方法的"消费者"而非"生产者"。作为"消费者",学完这些课程后,我们一方面能够读懂、欣赏和评价别人在同行评议的刊物上发表的定量研究的文章;另一方面,也能在自己的研究中运用这些成熟的方法论技术。

　　上述两门课的内容,尽管在线性回归模型的内容上有少量重复,但各有侧重。"社会科学里的统计学"从介绍最基本的社会研究方法论和统计学原理开始,到多元线性回归模型结束,内容涵盖了描述性统计的基本方法、统计推论的原理、假设检验、列联表分析、方差和协方差分析、简单线性回归模型、多元线性回归模型,以及线性回归模型的假设和模型诊断。"社会科学中的定量分析"则介绍在经典线性回归模型的假设不成立的情况下的一些模型和方法,将重点放在因变量为定类数据的分析模型上,包括两分类的 logistic 回归模型、多分类 logistic 回归模型、定序 logistic 回归模型、条件 logistic 回归模型、多维列联表的对数线性和对数乘积模型、有关删节数据的模型、纵贯数据的分析模型,包括追踪研究和事件史的分析方法。这些模型在社会科学研究中有着更加广泛的应用。

修读过这些课程的香港科技大学的研究生,一直鼓励和支持我将两门课的讲稿结集出版,并帮助我将原来的英文课程讲稿译成了中文。但是,由于种种原因,这两本书拖了多年还没有完成。世界著名的出版社 SAGE 的"定量社会科学研究"丛书闻名遐迩,每本书都写得通俗易懂,与我的教学理念是相通的。当格致出版社向我提出从这套丛书中精选一批翻译,以飨中文读者时,我非常支持这个想法,因为这从某种程度上弥补了我的教科书未能出版的遗憾。

翻译是一件吃力不讨好的事。不但要有对中英文两种语言的精准把握能力,还要有对实质内容有较深的理解能力,而这套丛书涵盖的又恰恰是社会科学中技术性非常强的内容,只有语言能力是远远不能胜任的。在短短的一年时间里,我们组织了来自中国内地及香港、台湾地区的二十几位研究生参与了这项工程,他们当时大部分是香港科技大学的硕士和博士研究生,受过严格的社会科学统计方法的训练,也有来自美国等地对定量研究感兴趣的博士研究生。他们是香港科技大学社会科学部博士研究生蒋勤、李骏、盛智明、叶华、张卓妮、郑冰岛,硕士研究生贺光烨、李兰、林毓玲、肖东亮、辛济云、於嘉、余珊珊,应用社会经济研究中心研究员李俊秀;香港大学教育学院博士研究生洪岩璧;北京大学社会学系博士研究生李丁、赵亮员;中国人民大学人口学系讲师巫锡炜;中国台湾"中央"研究院社会学所助理研究员林宗弘;南京师范大学心理学系副教授陈陈;美国北卡罗来纳大学教堂山分校社会学系博士候选人姜念涛;美国加州大学洛杉矶分校社会学系博士研究生宋曦;哈佛大学社会学系博士研究生郭茂灿和周韵。

参与这项工作的许多译者目前都已经毕业,大多成为中国内地以及香港、台湾等地区高校和研究机构定量社会科学方法教学和研究的骨干。不少译者反映,翻译工作本身也是他们学习相关定量方法的有效途径。鉴于此,当格致出版社和 SAGE 出版社决定在"格致方法·定量研究系列"丛书中推出另外一批新品种时,香港科技大学社会科学部的研究生仍然是主要力量。特别值得一提的是,香港科技大学应用社会经济研究中心与上海大学社会学院自 2012 年夏季开始,在上海(夏季)和广州南沙(冬季)联合举办《应用社会科学研究方法研修班》,至今已经成功举办三届。研修课程设计体现"化整为零、循序渐进、中文教学、学以致用"的方针,吸引了一大批有志于从事定量社会科学研究的博士生和青年学者。他们中的不少人也参与了翻译和校对的工作。他们在繁忙的学习和研究之余,历经近两年的时间,完成了三十多本新书的翻译任务,使得"格致方法·定量研究系列"丛书更加丰富和完善。他们是:东南大学社会学系副教授洪岩璧,香港科技大学社会科学部博士研究生贺光烨、李忠路、王佳、王彦蓉、许多多,硕士研究生范新光、缪佳、武玲蔚、臧晓露、曾东林,原硕士研究生李兰,密歇根大学社会学系博士研究生王骁,纽约大学社会学系博士研究生温芳琪,牛津大学社会学系研究生周穆之,上海大学社会学院博士研究生陈伟等。

　　陈伟、范新光、贺光烨、洪岩璧、李忠路、缪佳、王佳、武玲蔚、许多多、曾东林、周穆之,以及香港科技大学社会科学部硕士研究生陈佳莹,上海大学社会学院硕士研究生梁海祥还协助主编做了大量的审校工作。格致出版社编辑高璇不遗余力地推动本丛书的继续出版,并且在这个过程中表现出极大的耐心和高度的专业精神。对他们付出的劳动,我在此致以诚挚的谢意。当然,每本书因本身内容和译者的行文风格有所差异,校对未免挂一漏万,术语的标准译法方面还有很大的改进空间。我们欢迎广大读者提出建设性的批评和建议,以便再版时修订。

　　我们希望本丛书的持续出版,能为进一步提升国内社会科学定量教学和研究水平作出一点贡献。

吴晓刚

于香港九龙清水湾

目　录

序

回归分析有很多类型，一种非常有用但常常被忽视的类型就是样条回归。样条回归和一系列概念有关，包括虚拟变量、时间计数、干预分析、中断时间序列、逐步线性回归等［在本丛书中，关于虚拟变量的讨论，请见哈迪(Hardy)的介绍(丛书编号 93*)；干预分析和中断的时间序列，见麦克道尔(McDowall)的介绍(丛书编号 21)］。我们假设有一个连续变量 Y，它随时间的发展轨迹因为某个事件或政策而发生了变化。举个具体的例子，Y 是一个国家每年领取福利的人数，在很多年里 Y 一直上升，之后由于实施了新的福利政策，Y 下降了。如果这种下降是突然的，就可以使用中断的时间序列模型，因为它可以反映出截距的变化。然而，如果领取福利的人数是缓慢降低而不是突然减少的，那么样条回归就更合适，因为它可以反映

＊ 该丛书编号为 SAGE 英文版系列编号。下同。——编者注

两条回归线在连接点处平滑的斜率变化,而避免了回归线中间出现断裂。

对一个简单模型,$Y = a + bT + cD(T - T_1) + e$,其中 Y 是每年领取福利的人数,T 是时间,以年计算,取值为 1,2,3,$\cdots$,N。D 是虚拟变量,在福利政策改革前取值为 0,之后为 1。T_1 是改革以来的时间,也以年计算。对于福利政策改革之后的第 1,2,3,$\cdots$年,$D(T - T_1)$ 分别等于 1,2,3,$\cdots$,依次类推。假设"样条节点",即改革发生的那一年是 1990 年,那么这个估计模型就会生成 1990 年之前和之后两条线性回归线,并且回归线之间没有突然跳跃。

当我们需要拟合回归线的弯曲或者变化时,样条回归是一种常用的方法。如果样条节点很少,并且我们事先已经知道它们的位置,这时的估计是最简单的。对于这种情况,马希(Marsh)和科米尔(Cormier)教授给出的例子是:在竞选的三个不同阶段,投票者的政党认同的变化。他们进而讨论更复杂的例子,即通过时间序列数据,分析 1890 年以来共和党和民主党的 11 次政权交替如何影响了债券利率的变化。同时他们还讨论了多项式模型在处理这类问题上的不足,后者面临着多重共线性的困境。

当样条节点位置未知时样条回归模型就更复杂了,这时需要用到非线性最小二乘估计。为了介绍估计程序,两位作者研究了三个(未知的)年龄点对个人的宗教虔诚度的影响。这个例子也说明:除了时间序列数据之外,样条回归也可以用于有效地分析截面数据。如果研究者事前连节点的数量都不知道,情况就会更加复杂。为了展示确定节点的数量和位置的方法,马希和科米尔教授使用CREF 股票价值的时间序列数据,通过逐步回归在所有可能的样条节点中进行选择。大部分样条回归模型都可以通过一般的统计软件包来实现,因此计算本身并不困难。读过这本手册之后,当研究者再遇到"某个自变量改变了斜率吗?"这样的研究问题时,他就应该考虑估计一个样条回归。

迈克尔·S.刘易斯—贝克

第 *1* 章

概述

样条回归听起来复杂,但实际上它只是附加了一些简单限制条件的虚拟变量模型。具体来讲,样条回归是有一个或多个连续性限制的虚拟变量模型。

例如,政治家的支持率可能在选举(改选)时最高,过后就会下降,这个趋势表现为一条斜率向下的回归线。到了某一时点,政治家会意识到应该努力拉升公众的支持率,为下一轮选举做准备。如果使用没有限制的虚拟变量,选举前和选举后的模型会有不同的截距和斜率,如图 1.1 所示。

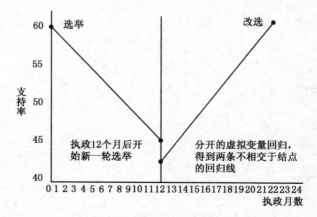

图 1.1　支持率的非限制虚拟变量回归

　　样条回归可以避免两条回归线之间出现突然"跳跃"
（断裂）。在样条回归中，支持率的转折点由样条节点表
示，这个节点将向下和向上的回归线连接起来，如图 1.2
所示。

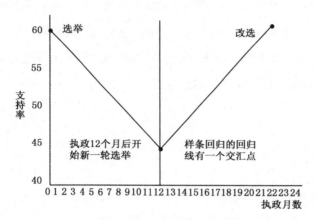

图 1.2　支持率的样条回归模型

　　在平代克和鲁宾菲尔德（Pindyck & Rubinfeld, 1998）编
写的广受好评的教科书中，两位作者将此类型的样条回归
模型称为逐段线性回归模型（piecewise linear regression
model），并进行了简要介绍。休茨、梅森和陈（Suits,
Mason & Chan, 1978）更直接且深入地讨论了样条回归。
应用案例可以参见斯特劳津斯基（Strawczynski, 1998）应
用逐段线性回归模型对税级距进行的研究。

　　在样条回归中，因变量的回归线（如支持率）的斜率会
突然发生变化，但是回归线本身并不出现断裂或者"跳

跃"。这需要回归线上有一个连接点（在斜率发生变化的
地方），让两条斜率不同的回归线在这个点（样条节点）
相交。

平代克和鲁宾菲尔德（Pindyck & Rubinfeld，1998）简要
讨论了基本样条回归模型的建模和应用，并提供了几个研
究实例。如果读者想进一步了解样条回归模型是如何建立
的，可以参考史密斯（Smith，1979）的研究，他最先提出了在
样条模型中使用调节变量的方法（adjustment approach）。

第 1 节 | **多项式回归模型**

　　大家经常会问到的一个问题是：为什么不直接使用多项式回归模型，而要使用样条回归？多项式回归中可以用时间、时间的平方项、时间的立方等作为自变量。然而这样做的问题在于：当我们加入多个多次方项时，很快就会遇到完全多重共线性的问题。简单来说，多项式回归不够灵活，不足以捕捉到斜率的突然变化，尤其是当变化周期不规律的时候。更技术化一点来说，多项式回归面临着多重共线性的问题，我们将在第 3 章详细讨论。相反，样条回归比多项式回归灵活，而且遇到完全共线性的可能性更小。其他方法，如核回归（kernel regression）也可以解决样条回归想解决的问题，但是，正如卡罗尔（Carroll，2000）的研究指出的，总体而言，样条回归比核方法更有效。此外，样条回归更容易通过标准化的软件包实现（即 SPSS, SAS 等）。

第 2 节｜**样条节点已知的情况**

最简单的情况就是我们事先已经知道了样条节点的位置。例如，国会已经确定了能源税税收抵免或者税法改革的具体日期，我们就知道了样条节点的位置，因为能源相关支出的回归线会在法案生效的时候发生变化。

再例如，心理学家想知道个人在某一时点做出的减肥决定如何随着时间的推移转化为实际的减肥行动。我们可以将体重作为回归的因变量，时间作为解释变量。如果心理学家知道研究对象什么时候决定节食，他就可以知道节点的确切位置。

奥尔索普和韦斯伯格(Allsop & Weisberg，1988)运用样条回归的方法做了一个有意思的研究。他们分析了1984 年总统竞选期间美国人的政党认同的变化情况。他们发现了三个节点：6 月 19 日、9 月 12 日和 10 月 10 日。通过这些点他们估计了四条回归线，这些回归线之间没有中断。因变量 Y_t 是一个 1 分到 5 分的变量，如果受访者强烈认为自己是共和党则计为 1 分，如果他强烈认为自己是民主党则计为 5 分。从竞选开始计算的时间 t 是自变量。
方程如 1.1 所示。

$$Y_t = a_0 + b_0 t + b_1 D_{1t}(t - t_1)$$
$$+ b_2 D_{2t}(t - t_2) + b_3 D_{3t}(t - t_3) + e_t \qquad [1.1]$$

其中, t_1, t_2 和 t_3 分别代表从 6 月 19 日、9 月 12 日和 10 月
10 日到目前的天数。D_{1t}, D_{2t} 和 D_{3t} 是虚拟变量,当从竞选
到当前的天数 t 小于 t_1, t_2 或者 t_3,那么 D_{1t}, D_{2t} 或者 D_{3t}
取值为 0,反之则为 1。奥尔索普和韦斯伯格(1988)的研究
发现,1984 年的竞选可以分为四个阶段。这项研究中样条
回归模型的 R 平方值为 0.323,而一般回归模型的 R 平方
值仅为 0.242,样条回归使模型的拟合优度提高了 33.5%。
我们假设研究者总是想得到最平滑的样条回归线。对于
线性回归来说,这就意味着多个函数在连接点的取值必须
是相同的,但是它们的斜率可以不同。

对二次项来说,这要求它们的函数和斜率在连接点处都
相同,但是斜率的变化率可以不一样。在奥尔索普和韦斯伯
格的例子中,如果他们对平方项感兴趣,他们可以将三个线性
自变量 $D_{1t}(t - t_1)$, $D_{2t}(t - t_2)$ 和 $D_{3t}(t - t_3)$ 换成三个二次项
自变量 $D_{1t}(t - t_1)^2$, $D_{2t}(t - t_2)^2$ 和 $D_{3t}(t - t_3)^2$。

对三次项样条来说,我们限制它们在函数、斜率和斜
率的变化率上都相同,但是允许斜率变化率的变化率可以
不同。在本例中,将线性自变量换成 $D_{1t}(t - t_1)^3$, $D_{2t}(t -$

$t_2)^3$ 和 $D_{3t}(t-t_3)^3$ 即可。 加入立方项有助于得到一条非常平滑、足够灵活、可以很好拟合数据的回归线。波里尔（Poirier，1973）、布斯和林（Buse & Lim，1977）将三次项样条作为受限制的最小二乘的特殊形式加以讨论，感兴趣的读者可以参见他们的研究。

我们不打算复制奥尔索普和韦斯伯格研究，但在第 2 章中我们会详细分析一个类似的关于竞选支持率的研究。

第 3 章要讨论的研究问题是：在共和党执政期间，利率浮动的幅度是否比民主党执政时更大？我们将 1890 年来 11 次执政党的轮替作为样条节点，由此得出 12 条相应的利率回归线，然后我们检验了利率变化在民主党和共和党执政期间是否有显著差异。

第 3 节 | 节点位置未知的样条回归

在前面的例子中我们讨论了节点已知的情况,然而更多时候我们需要自己估计节点的位置,即我们事先并不知道连接点在哪里,需要从数据中把它估计出来。

例如,研究政治家的支持率时,在不知道节点的情况下,一个通常的做法就是将该政治家把工作重心从执政转向准备改选的时刻估计为节点。研究冰河世纪时,最根本的变化就是气温停止下降并开始回升。确切的转折点可能不是十分明显,这时就可以通过样条回归去发现它。股票的价格每天都上下浮动,如何确定牛市转向了熊市呢?什么时候小麦作物的灌溉量从不足变成了过度呢?决定这些位置转折点的样条节点必须通过模型的回归系数来估计。

当节点未知时,回归模型就变成了非线性参数模型,因此需要用到非线性估计方法,如非线性最小二乘法等。在第 4 章中我们就会展示如何用这种方法确定三个样条节点的位置。我们想知道:一个人的宗教虔诚度是否随着年龄的变化而变化?哪三个年龄对于理解不断变化的年龄和宗教虔诚度的关系是最为重要的?

第 4 节 | 样条节点数量未知的情况

第 5 章中将展示如何利用时间序列数据来确定节点的数量、位置和多项式形式,通过史密斯(Smith)提出的调整法(adjustment approach),我们用逐步回归做到了这一点。帕特里夏·史密斯(Patricia Smith)在 1979 年第一次提出了调整法,为估计节点的数量、位置和多项式形式提供了分析框架。当这些节点的性质都未知时,模型就成为了一个非参数模型,其结构必须从样本数据中估计。我们先展示了在节点数量、位置和多项式形式都已知的情况下史密斯调整法的应用,而后扩展到这些信息都未知时,如何用逐步回归方法进行估计。

第 6 章总结和讨论各种基于虚拟变量的模型之间的关系。通过比较它们的相似性和不同点,我们想展示如何建立、估计和解释这些模型。通过全面地介绍概念框架和操作细节,辅之以精心挑选的研究案例,我们希望这本书可以帮助研究者在实际应用中有效地使用这些方法。例如,麦克尼尔、特拉塞尔和特纳(McNeil, Trussell & Turner, 1977)就成功地将样条回归的方法应用于人口学研究中。

第 **2** 章

样条模型

在回归分析的框架下，虚拟变量模型、干预/中断模型（intervention/interrupted models）和样条模型（包括逐段线性模型）之间是高度联系的。虚拟变量回归模型有两条或两条以上的回归线，它们分别代表不同类别的观察值。我们根据特定类别、定序、连续变量（在分割点）及连续变量的线性组合的不同值，将观察点分为不同组别。例如，性别这个分类变量的取值可以将观察值分为男性组或者女性组，从而产生两条不同的回归线。同样地，指定一个分割点，我们可以把所有观察值在收入这个连续变量上分为高收入者和低收入者两个组，从而得到两条回归线，或者分为高、中、低收入者三个组，产生三条回归线。坎布尔（Kanbur，1983）就用收入税的组别开展过研究。

第 1 节 ｜ 中断回归分析

中断回归使用虚拟变量生成一个干预成分（intervention component），这个干预成分可以是渐变的，也可以是突变的；可以是永久的，也可以是暂时的。刘易斯 - 贝克（Lewis-Beck，1986）在研究中讨论了反映单一事件影响的简单中断时间序列（simple interrupted times series，SITS）和反映多重事件影响的多重中断时间序列（multiple interrupted time series，MITS）。

对简单中断时间序列，刘易斯 - 贝克使用的例子是古巴的能源消耗。他以 1959 年 1 月 8 日为界将古巴分为革命前和革命后两个阶段，他发现革命后古巴的能源消耗在截距上突然上升（直接的能耗销量上升），但是斜率有所下降（能源消耗的速率减慢）。刘易斯 - 贝克还分析：如果肯塔基州限速法令发生变化，对交通事故死亡率会有何影响？他用简单中断时间序列模型估计了一次法令变化带来的影响，还用多重中断时间序列估计了发生在两个时间点的两次变化可能带来的影响。他预期法令的变化会引起回归线的截距和斜率的突然变化。在煤矿安全生产法令和矿难死亡率的研究中,刘易斯-贝克发现 1941 年安全法律生效以后,矿难死亡率回归线向下倾斜,但是 1952 年法案通过之后就趋于平缓,直至 1969 年法案生效后才再次向下倾斜。麦克道尔、麦克利里、迈丁格尔和哈伊(McDowall,McCleary, Meidinger & Hay, 1980)讨论了如何将中断回归应用于自回归整合滑动平均(autoregressive integrated moving average,ARIMA)时间序列分析。他们的建模方法主要强调在中断时间序列模型中识别、估计和诊断干预成分。

当一个连续变量被分为不同的组或者段,可能会遇到的一个问题是:究竟应该使用严格的中断回归模型(函数有突然断裂,斜率可能发生变化也有可能不变),还是样条回归模型?两者最本质的区别在于前者强调突然变化,后者则是平滑的过渡。样条是连续函数(没有突然中断),但是在样条节点处发生了细微的变化。

例如,图 2.1 所示,三段分开的回归线分别表示美国第二次世界大战前、第二次世界大战时和第二次世界大战后的人口变化。使用非限制的中断回归,我们看到第二次世界大战前的模型在截距和斜率上都和战时、战后有所不同。图 2.2 显示的是样条模型(又称有限制的中断回归模型),我们要求函数本身在连接点或者节点处是连续的,但是斜率可以有变化,这些节点把不同段的回归线分开来了。

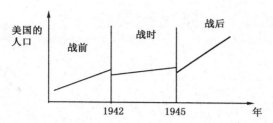

图 2.1 战时—非战时人口的非限制中断模型

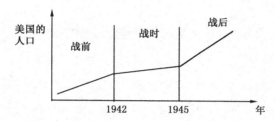

图 2.2 战时—非战时人口的样条模型(限制的中断模型)

第 2 节｜逐段线性回归

　　我们可以这样来理解逐段线性样条模型：它的自变量是由若干段组成的连续变量，因变量是自变量的所有分段的连续函数，只是每一段的斜率不同。正如图 2.2 展示的那样，函数是连续的，但是在样条节点处（$X_1 = 1\,942$ 和 $X_2 = 1\,945$），不同段的斜率（即，回归线的斜率）是不连续的。这是一种特殊类型的样条模型，被称为逐段线性回归模型。

　　当回归线被一些特殊的连接点（样条节点）分为几段的时候就需要使用样条回归。在这些节点处，回归线的方向会发生变化，但是不会出现"跳跃"。如果回归线在连接点处是不连贯（有跳跃）的，用简单的虚拟变量模型即可，它允许每一段回归线都有不同的斜率和截距。但是这种情况在现实中极少发生。比如一个人在一段时间里长胖了，然后他突然决定减肥，除非他接受吸脂手术，否则他的体重应该是逐渐下降的。换句话说，他的体重必须在现有体重的基础上开始减少，在他决定减肥的那一刻他的体重不会瞬间下降。因此,样条回归为连接点添加了限制条件——连续性,使得回归线在连接点处改变方向但是不出现不连贯的跳跃。应用案例可以参见斯倍尔和拉格斯(Speyrer & Ragas,1991)对房价和洪灾风险的研究。

平代克和鲁宾菲尔德(Pindyck & Rubinfeld,1998)在其编写的教材中把样条回归放在“逐段线性回归”的主题下,这很好地概括了简单样条回归的特征,实际上它就是将两段或多段线性回归连接起来。他们提到的例子是第二次世界大战的爆发和结束对个人消费性支出的突然影响。通过样条回归,将战争的开始和结束作为样条节点,他们得到了一条连贯的(即没有中断的)消费关系回归线,但是该回归线的斜率在样条节点处发生了变化。在战争期间很多消费行为都停止了,因此消费关系基本上是一条水平的线;毋庸置疑,战争结束后这条线就开始上扬了。第二次世界大战前后美国的出生率和人口变化也呈现出这个趋势,大致就像图 2.1 和图 2.2 描绘的那样。

下面让我们用一个虚拟的例子来演示如何使用逐段线性样条回归。假设美国国会众议院有位政客想知道在他/她的任期内民众支持率的变化,我们用他/她的任期(以月计算)对支持率做回归。图 2.3 显示了回归结果,斜率系数在统计上不显著,方程的 R 平方值也很低。

变异来源	自由度	平方和	均值平方	F 值	p 值
模型	1	124.398 47	124.398 47	3.385	0.070 9
残差	58	2 131.590 27	36.751 56		
总体	59	2 255.988 75			

残差平方根	6.062 31	R 平方	0.055 1	
因变量均值	48.384 64	调整后的 R 平方	0.038 9	
变异系数	12.529 40			

参数估计

变量	自由度	参数估计	标准误	零假设检验：参数 = 0	p 值
截距	1	45.550 099	1.728 068 26	26.359	0.000 1
任职月数	1	0.107 007	0.058 162 53	1.840	0.070 9

图 2.3　支持率的简单回归结果

一旦竞选成功,政客需要专注于评价和提出法案,两年任期过半时,他/她的精力就会转向改选,花更多的时间精力去赢得选区选民的支持,于是随着改选日期的临近,他/她的支持率也会逐步攀升,对于一个成功的政客,他/她的支持率会在改选时攀升到高点。图 2.4 是用数据模拟的结果。我们看到该政客的支持率有时高至 60%,而有时低至 40%。当某些行为构成转折点时,数据就会呈现出这种趋势,即斜率突然变化,但是不会中断。

正如平代克和鲁宾菲尔德(1998)演示的,建立样条回归模型的第一步是建构一组特殊的虚拟变量,在样条调节日期(spline adjustment data)之前(即样条节点之前),虚拟变量取值为 0,这个日期之后则取值为 1。在表 2.4 中,我们设置了三个样条节点,分别是就职后 12 个月、24 个月和

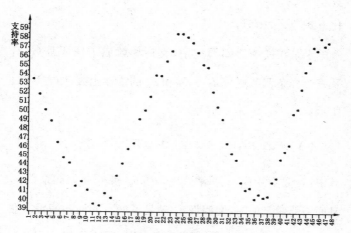

图 2.4 支持率和任期月数关系

36 个月。相应地，我们需要根据任职月数 X_t 的值，构建三个虚拟变量 D_{1t}，D_{2t} 和 D_{3t}。对第一个虚拟变量 D_{1t}，当 $X_t \leqslant 12$ 时，$D_{1t} = 0$，当 $X_t > 12$ 时，$D_{1t} = 1$。对第二个虚拟变量 D_{2t}，当 $X_t \leqslant 24$ 时，$D_{2t} = 0$，当 $X_t > 24$ 时，$D_{2t} = 1$。对第三个虚拟变量 D_{3t}，当 $X_t \leqslant 36$ 时，$D_{3t} = 0$，当 $X_t > 36$ 时，$D_{3t} = 1$。

使用第一个虚拟变量 D_{1t}，我们可以生成相应的样条调节变量 Z_{1t}，令 $Z_{1t} = D_{1t}(X_t - 12)$。需要注意：当 X_t 小于 12 时，$D_{1t} = 0$，所以 Z_{1t} 永远不会是负数。另外，当 $X_t = 12$ 时，Z_{1t} 为 0；当 X_t 为 13，14，15，…时，Z_{1t} 等于 1，2，3，…。因此，当 X_t 超过 12 时，Z_{1t} 的影响逐渐显现。同理，我们还可以生成变量 $Z_{2t} = D_{2t}(X_t - 24)$ 和 $Z_{3t} = D_{3t}(X_t - 36)$，它们分别对应样条节点变量 24 和 36，其变

化方式与 Z_{1t} 相似。

于是在样条回归模型中,支持率就成了任职月数 X_t 及三个样条调节变量 Z_{1t}, Z_{2t} 和 Z_{3t} 的线性函数,如方程 2.1 所示:

$$Y_t = a_0 + b_0 X_t + b_1 Z_{1t} + b_2 Z_{2t} + b_3 Z_{3t} + e_t \quad [2.1]$$

其中,a_0 是截距项,又叫常数项,b_1,b_2 和 b_3 是回归系数,e_t 是回归的残差项,我们假设 e_t 满足了所有的回归假设。在这种情况下,我们就可以通过普通最小二乘法估计方程 2.1。

通过逐段线性回归,该政客了解到:改选和改选后一年这两个时点很好地解释了他/她的支持率的波动。

变异来源	自由度	平方和	均值平方	F 值	p 值
模型	4	2 163.411 79	540.852 95	321.321	0.000 1
残差	55	92.576 96	1.683 22		
C Total	59	2 255.988 75			

	残差平方根	1.297 39	R 平方	0.959 0
	因变量均值	48.384 64	调整后的 R 平方	0.956 0
	变异系数	2.681 41		

参数估计

变量	自由度	参数估计	标准误	零假设检验:参数 = 0	p 值
截距	1	54.764 042	0.807 110 54	67.852	0.000 1
任职月数	1	−1.434 123	0.091 945 44	−15.598	0.000 1
Z1	1	3.281 817	0.139 248 90	23.568	0.000 1
Z2	1	−3.578 081	0.108 725 02	−32.909	0.000 1
Z3	1	3.466 670	0.115 083 87	30.123	0.000 1

图 2.5 样条回归结果

图 2.5 显示样条回归模型的总体统计显著性非常强，F 值为 321.32，p 值小于 0.000 1，R 平方高达 0.959。自变量估计系数的 t 统计值都很大，p 值均小于 0.000 1。斜率系数的符号呈现正负交替的变化，说明在 12 个月、24 个月和 36 个月时回归线的方向发生了显著改变。把 Z_{1t}、Z_{2t} 和 Z_{3t} 的系数代入方程 2.1，并根据三个样条节点把调查时期分为四个阶段，我们可以得到每个阶段的方程，如下所示：

0—12 个月：

$$Y_t = a_0 + b_0 X_t + e_t \qquad [2.2a]$$
$$= 54.764\,042 - 1.434\,123 X_t + e_t \qquad [2.2b]$$

13—24 个月：

$$Y_t = (a_0 - 12b_1) + (b_0 + b_1)X_t + e_t \qquad [2.3a]$$
$$= 15.382\,238 + 1.847\,694 X_t + e_t \qquad [2.3b]$$

25—36 个月：

$$Y_t = (a_0 - 12b_1 - 24b_2) + (b_0 + b_1 + b_2)X_t + e_t \qquad [2.4a]$$
$$= 101.256\,182 - 1.730\,387 X_t + e_t \qquad [2.4b]$$

37—48 个月：

$$Y_t = (a_0 - 12b_1 - 24b_2 - 36b_3)$$
$$+ (b_0 + b_1 + b_2 + b_3)X_t + e_t \qquad [2.5a]$$
$$= -23.543\,938 + 1.736\,283 X_t + e_t \qquad [2.5b]$$

此外,样条回归有效使用了转折点的信息,如图 2.6 所示。

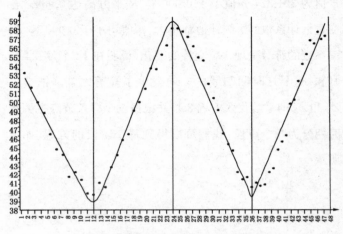

图 2.6　任职时间对支持率的样条回归

第 3 节 ｜ 三次方多项式回归

为了与样条回归进行比较,我们也提供了三次方多项式模型的结果,方程如下所示,图 2.7 详细列出了回归结果。

$$Y_t = \delta_1 + \delta_2 X_t + \delta_3 X_t^2 + \delta_4 X_t^3 + e_t \qquad [2.6]$$

模型总体的 F 统计值为 1.88,没有统计显著性,R 平方仅为 0.091 5。t 检验显示所有自变量的系数都没有显著异于零,三次方多项式模型显然不能替代样条模型。

变异来源	自由度	平方和	均值平方	F 值	p 值
模型	3	206.468 95	68.822 98	1.880	0.143 4
残差	56	2 049.519 80	36.598 57		
总体	59	2 255.988 75			
	残差平方根	6.049 68	R 平方	0.091 5	
	因变量均值	48.384 64	调整后的 R 平方	0.042 9	
	变异系数	12.503 30			

参数估计

变量	自由度	参数估计	标准误	零假设检验: 参数 = 0	p 值
截距	1	42.458 010	4.070 358 79	10.431	0.000 1
任职月数	1	0.877 186	0.679 573 74	1.291	0.202 1
任职月数 2	1	−0.041 022	0.031 134 30	−1.318	0.193 0
任职月数 3	1	0.000 581	0.000 411 67	1.412	0.163 4

图 2.7　三次方多项式回归结果

　　为了得到和样条回归一样高的 R 平方值,至少需要含七项的多项式回归(即七个自变量)。换句话说,通过加入自变量的更高次方,多项式模型最终还是能够较好地拟合数据,但代价是我们用掉了更多的自由度。此外,如果转折点的分布是没有规律的,多项式回归拟合数据的难度就会更大,而样条回归则很容易就能做到这一点。

第 4 节 ｜ **样条模型的重要特征**

在使用样条回归时,样条的三个特征发挥着重要作用:
(1)自变量分为多少个不同的样条段;(2)用于表示每段样条
的多项式的次数(degree of the polynomial);(3)分割点(即样
条节点)的位置。是否预先知道这三方面的信息影响着我
们选择什么样的样条模型。如果其中的一项或者两项特征
是未知的,就必须通过回归模型的参数来进行估计。正如
我们前面讨论的,很多关键因素都会影响模型选择。

最简单的情况是我们事先已经知道了样条段的数量、
多项式的次数和节点位置。接下来的第 3 章就会详细介绍
这种情况下的估计。第 4 章介绍样条节点位置未知的情
况,即我们知道了样条的数目及多项式次数,但是不知道
转折点具体落在哪里。样条节点位置未知又可以分为两
种情况。较为简单的情形是我们知道有几段样条,只是不
知道节点在哪里。更复杂的情况则是我们既不知道样条
的数量,自然也无法知道节点的位置。第 4 章我们先讨论
前一种较为简单的情况,后一种情况估计起来更加困难,
留待第 5 章介绍。

第 **3** 章

节点位置已知的样条回归

　　在本章中我们先介绍线性样条模型,然后再讨论二次项、立方项和更高次的样条模型。如果我们事先知道回归线会在哪里发生变化,这样的样条回归就是最简单的。这些连接点,或者说样条节点,通常来自我们的研究旨趣。为了展示如何确定、估计和解释节点位置已知的样条回归,我们例举了一项白宫的执政党对利率影响的研究。其研究问题是:民主党和共和党执政期间利率的变动是否不同? 具体来说,如果用执政时期对利率做回归,两党执政期间的回归线的斜率是否显著不同? 因变量是六个月期商业债券的年利率,该数据从美国联邦储备的网站上获得。关键自变量是时间,单位为年,从 1890 年开始。样条节点是发生执政党更迭的年份,即政权由民主党交给共和党或者由共和党交给民主党的年份,在我们关注的时期内这样的更迭共有 11 次,因此样条节点位于 1892 年、1896年、1912 年、1920 年、1932 年、1952 年、1960 年、1968 年、1976 年、1980 年和 1992 年。

第 1 节｜线性样条回归模型

　　为了设置合适的样条模型，我们先构建一组虚拟变量，为方便起见将它们命名为：D1892、R1896、D1912、R1920、D1932、R1952、D1960、R1968、D1976、R1980 和 D1992，其中"D"表示民主党入主白宫，"R"则表示共和党执掌政权。对每个虚拟变量来说，在它代表的年份到来之前，取值都为 0；该年份过后就取值为 1。例如，1892 年以前，D1892 = 0，1892—2000 年之间，D1892 = 1。其他变量也都如此。最初的不包含样条调节变量的方程如下：

$$Y_t = a_0 + b_0 X_t + e_t \qquad [3.1]$$

其中 Y_t 是用百分数表示的六个月期商业债券的年化利率（即利率乘以 100），X_t 表示以年为单位的时间，从 1890 年开始。

　　在考虑样条回归之前，一个很常规的做法是先尝试一下传统的多项式回归（非样条的）模型，具体方法是在方程 3.1 中加入 X^2，X^3，X^4，…，加到 X 的 12 次方后，我们发现很多的多次项之间都有完全共线性。事实上这 12 个多次项仅有 3 个能用,其他的 9 个都因为和这 3 个完全相关,而被模型自动删除了。图 3.1 显示了多项式回归的结果。

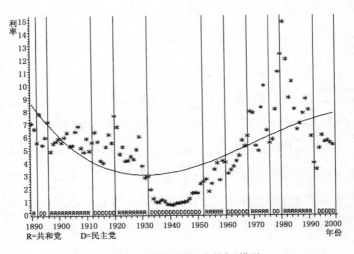

图 3.1   利率的多项式(非样条)模型

因为多项式回归的结果不理想,我们进而考虑使用样条回归。直接在方程 3.1 的右边加虚拟变量 $D1892_t$ 到 $D1992_t$ 是不合适的,因为这样做只是改变了常数项 a_0,而反映利率随时间变化的其实是斜率系数 b_0。我们假设残差项 e_t 满足了回归的基本假设,包括进行假设检验的可选假设,即残差项服从于正态分布。[1] 然后我们生成合适的自变量来调整 b。在图 3.2 所示的每个样条节点上的取值,方程如下:

$$Y_t = a_0 + b_0 X_t + b_1 D1892_t (X_t - 1\,892)$$

$$+ b_2 R1896_t (X_t - 1\,896) + b_3 D1912_t (X_t - 1\,912)$$

$$+ b_4 R1920_t (X_t - 1\,920) + b_5 D1932_t (X_t - 1\,932)$$

$$+ b_6 R1952_t (X_t - 1\,952) + b_7 D1960_t (X_t - 1\,960)$$

$$+ b_8 R1968_t (X_t - 1\,968) + b_9 D1976_t (X_t - 1\,976)$$

$$+ b_{10} R1980_t (X_t - 1\,980) + b_{11} D1992_t (X_t - 1\,992)$$

$$+ e_t \qquad\qquad\qquad\qquad [3.2]$$

方程 3.2 在两政党政权交替时调整了回归线的斜率，同时避免了回归线的突然中断。在 1892 年，$D1892_t$ 从 0 变成了 1，因此对于 $X_t = 1892$ 来说，$(X_t - 1892) = 0$，利率 Y_t 在 1892 那个点没有出现突然跳跃。换句话说，在 1892 年之前，$D1892_t (X_t - 1\,892) = 0$ 是因为 $D1892_t = 0$。 在 1892 年，$D1892_t (X_t - 1892) = 0$ 是因为 $(X_t - 1892) = 0$。在 1892 年之后，随着 X_t 取值为 1 893，1 894，1 895，…，$D1892_t (X_t - 1\,892)$ 的值也相应变为 1，2，3，…。

需要注意的是：方程 3.2 实际上代表了 12 个独立的方程，分别对应着共和党和民主党的 12 个任期，这 12 个方程的截距分别为 c_0，c_1，c_2，…，c_{11}，斜率分别为 d_0，d_1，d_2，…，d_{11}。如下所示：

共和党执政（1889—1892 年，实际上我们的数据从 1890 年开始）：

$$Y_t = a_0 + b_0 X_t + e_t = c_0 + d_0 X_t + e_t$$

民主党执政(1893—1896 年)：

$$Y_t = (a_0 - 1\,892b_1) + (b_0 + b_1)X_t + e_t$$
$$= c_1 + d_1X_t + e_t$$

共和党执政(1897—1912 年)：

$$Y_t = (a_0 - 1\,892b_1 - 1\,896b_2) + (b_0 + b_1 + b_2)X_t + e_t$$
$$= c_2 + d_2X_t + e_t$$

民主党执政(1913—1920 年)：

$$Y_t = (a_0 - 1\,892b_1 - 1\,896b_2 - 1\,912b_3)$$
$$+ (b_0 + b_1 + b_2 + b_3)X_t + e_t$$

.

.

.

可以看出，随着斜率的变化，每个方程中的常数项也相应地发生了变化，从而保证了回归线的连贯性，即使回归线在连接点处斜率的方向发生改变，也不会中断，如图3.2 所示。

方程 3.2 的样条回归结果如图 3.3 所示。最左边一列是自变量，第二列是用于系数估计的自由度。第三列表示执政党，"R"表示共和党，"D"表示民主党。R 平方为 0.850 3表示：约 85％的利率变化可以用时间和 11 个样条调节变量解释。这个结果大大优于仅仅使用时间一个变量去解

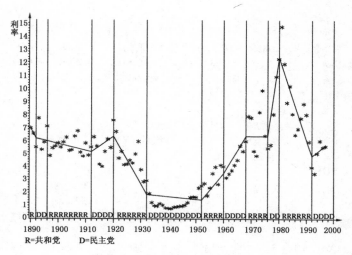

图 3.2 六个月期商业债券的利率变化

释利率变化,后者的 R 平方仅为 0.036 9,即仅仅解释了 4% 的利率变异。

常数项 $a_0 = 737.56$ 表示的是年份为 0 时的利率。我们的调查年份是从 1890 年到 2000 年,0 不在这个区间中,因此常数项本身没有意义,它仅仅帮助我们确定第一个时期(1890—1892 年)的回归线。第一个时期的斜率 $b_0 = -0.386 6$,因此 1890 年的利率预测值(即 $X_t = 1890$)的计算方法是:$a_0 + b_0 X_t = 737.56 - 0.386 6 \times 1890 = 6.89$,这个值非常接近当年的实际利率 6.91。其余的回归参数 b_1 到 b_{11} 表示:每一届新入主白宫的政府对回归线斜率变化的影响。用这些回归系数,我们可以计算出共和党和民主党的每个任期内利率回归线的斜率,如下所示:

因变量:利率

变异分析

变异来源	自由度	平方和	均值平方	F 值	p 值
模型	12	684.733 44	57.061 12	45.927	0.000 1
残差	97	120.515 84	1.242 43		
总体	109	805.249 28			

残差平方根	1.114 64	R 平方	0.850 3	
因变量均值	4.870 45	调整后的 R 平方	0.831 8	
变异系数	22.885 83			

参数估计

变量	自由度		参数估计	标准误	零假设检验: 参数 = 0	p 值
截距	1		$737.556\ 527 = a_0$	1 298.286 405 7	0.568	0.571 3
年份	1	R	$-0.386\ 593 = b_0$	0.686 483 69	-0.563	0.574 6
$(X-1892)$	1	D	$0.334\ 461 = b_1$	0.858 889 19	0.389	0.697 8
$(X-1896)$	1	R	$-0.002\ 508 = b_2$	0.273 971 19	-0.009	0.992 7
$(X-1912)$	1	D	$0.206\ 833 = b_3$	0.120 265 96	1.720	0.088 7
$(X-1920)$	1	R	$-0.534\ 362 = b_4$	0.128 487 25	-4.159	0.000 1
$(X-1932)$	1	D	$0.361\ 257 = b_5$	0.078 096 08	4.626	0.000 1
$(X-1952)$	1	R	$0.277\ 766 = b_6$	0.109 765 80	2.531	0.013 0
$(X-1960)$	1	D	$0.112\ 986 = b_7$	0.173 086 23	0.653	0.515 4
$(X-1968)$	1	R	$-0.368\ 302 = b_8$	0.191 720 82	-1.921	0.057 7
$(X-1976)$	1	D	$1.520\ 613 = b_9$	0.294 281 47	5.167	0.000 1
$(X-1980)$	1	R	$-2.155\ 277 = b_{10}$	0.257 102 59	-8.383	0.000 1
$(X-1992)$	1	D	$0.739\ 743 = b_{11}$	0.185 237 53	3.993	0.000 1

杜宾-瓦特森统计量	1.216
样本量	110
一阶位自相关	0.391

图 3.3　方程 3.2 的回归结果

R，1890—1892 年：

$$d_0 = b_0 = -0.386\ 593;$$

D，1893—1896 年：

$d_1 = b_0 + b_1 = -0.052\ 132;$

R，1897—1912 年：

$d_2 = b_0 + b_1 + b_2 = 0.331\ 953;$

D，1913—1920 年：

$d_3 = b_0 + b_1 + b_2 + b_3 = 0.204\ 325;$

R，1921—1932 年：

$d_4 = b_0 + b_1 + b_2 + b_3 + b_4 = -0.327\ 529;$

D，1933—1952 年：

$d_5 = b_0 + b_1 + b_2 + b_3 + b_4 + b_5 = -0.173\ 105;$

R，1953—1960 年：

$d_6 = b_0 + b_1 + b_2 + b_3 + b_4 + b_5 + b_6 = 0.639\ 023;$

D，1961—1968 年：

$d_7 = b_0 + b_1 + b_2 + b_3 + b_4 + b_5 + b_6 + b_7 = 0.390\ 752;$

R，1969—1976 年：

$$d_8 = b_0 + b_1 + b_2 + b_3 + b_4 + b_5 + b_6 + b_7 + b_8$$
$$= -0.255\ 316;$$

D，1977—1980 年：

$$d_9 = b_0 + b_1 + b_2 + b_3 + b_4 + b_5 + b_6 + b_7 + b_8 + b_9$$
$$= 1.152\ 311;$$

R，1981—1992 年：

$$d_{10} = b_0 + b_1 + b_2 + b_3 + b_4 + b_5 + b_6 + b_7 + b_8 + b_9$$
$$+ b_{10} = -0.634\ 664;$$

D，1993—2000 年：

$$d_{11} = b_0 + b_1 + b_2 + b_3 + b_4 + b_5 + b_6 + b_7 + b_8 + b_9$$
$$+ b_{10} + b_{11} = -1.415\,534$$

现在我们来检验一下零假设,即:在共和党和民主党执政期间,利率的平均变化率(即斜率的平均值)相同。11个样条节点连接了12段回归线,分别代表了共和党和民主党各自的6届任期。要想知道共和党的6段回归线的平均斜率是否等于民主党的6段的平均斜率必须通过统计检验,即将预测的平均斜率相减,再除以适当的置信区间(参见附录的 SAS® 程序[2])。

需要注意的是,因为两个政党执政的年数不同,直接比较平均数是不合适的,我们还需要对两者赋以权重。[3]对共和党来说,我们用它每一段任期内利率的斜率系数乘以该任期的年数,得到:

$$[3d_0 + 16d_2 + 12d_4 + 8d_6 + 8d_8 + 12d_{10}]/59$$
$$= [3(-0.386\,593) + 16(0.331\,953) + 12(-0.327\,529)$$
$$+ 8(0.639\,023) + 8(-0.255\,316) + 12(-0.634\,664)]/59$$
$$= [-4.325\,191]/59 = -0.073\,308$$

换句话说,共和党执政时期加权后的利率平均斜率是 $-0.073\,308$。同样地,我们也可以计算出民主党的加权后斜率,方法为:

$$[4d_1 + 8d_3 + 20d_5 + 8d_7 + 4d_9 + 7d_{11}]/51$$
$$= [4(-0.052\,132) + 8(0.204\,325) + 20(-0.173\,105)$$

$$+8(0.390\ 752)+4(1.152\ 311)+7(-1.415\ 534)]/51$$
$$=[-4.209\ 506]/51=-0.082\ 539$$

即,民主党执政时期加权后的利率平均斜率为-0.082 539。

数据结果表明:利率从 1890 年的 6.91％降至了 1999 年的 5.18％,这种下降趋势在共和党和民主党执政期间都存在,但是民主党执政期间利率的下降可能更多一些。这种差异是否具有统计显著性还需要进一步的统计检验。

上述例子也说明了不对平均数进行适当加权可能带来的严重问题,在本例中,加权和不加权的结果是截然相反的。在没有加权的情况下,共和党和民主党执政时期的利率平均斜率分别是-0.105 521 和 0.017 770,即在共和党执政期间利率是下降的,而在民主党时期则是上升的。但对平均数进行加权处理后我们看到了完全相反的结果:虽然共和党时期利率是下降的,但是民主党执政期间下降得更快。

因为共和党任期内的平均利率是 5.73％,而民主党任期内是 3.87％,所以加权后的结果更合理。两党任期内加权后的平均利率的差异服从于学生 t 分布,用本书附件中提供的 SAS® 软件程序可以计算出该差异的标准误。计算结果显示该差异的 t 统计值为-3.214。在有 97 个自由度、1％的显著性水平下,t 分布的临界值为-2.66,因此我们可以拒绝零假设。我们的结论是:与共和党任期内的情况相比,利率在民主党执政期间下降得更快。在本节中,我们使用一种特定类型的样条回归回答了研究问题,在下一章中我们将进一步讨论当有多个样条模型可供选择时,哪一个模型最好。

第 2 节 | 二次项及更高次项样条回归模型

正如我们前面讨论的,较之于非样条回归方程 3.1,样条回归方程 3.2 大大提高了模型的拟合优度,但是这个逐段线性样条回归方程还是不足以反映出利率数据明显的非线性特征。一个解决方法是采用含有二次项或更高次项的样条模型。在本节中我们会介绍解决这类问题的各种样条模型,并讨论模型选择的标准。我们将会看到,模型选择并没有硬性标准或者一刀切的方案,帮助我们进行选择的是实际操作的考虑和理论关注。

我们首先介绍第一个解决方案:二次项样条回归模型,如下所示:

$$Y_t = a_0 + b_0 X_t + b_1 \mathrm{D}1892_t (X_t - 1\,892)^2$$
$$+ b_2 \mathrm{R}1896_t (X_t - 1\,896)^2 + b_3 \mathrm{D}1912_t (X_t - 1\,912)^2$$
$$+ b_4 \mathrm{R}1920_t (X_t - 1\,920)^2 + b_5 \mathrm{D}1932_t (X_t - 1\,932)^2$$
$$+ b_6 \mathrm{R}1952_t (X_t - 1\,952)^2 + b_7 \mathrm{D}1960_t (X_t - 1\,960)^2$$
$$+ b_8 \mathrm{R}1968_t (X_t - 1\,968)^2 + b_9 \mathrm{D}1976_t (X_t - 1\,976)^2$$

$$+ b_{10} R1980_t (X_t - 1\,980)^2 + b_{11} D1992_t (X_t - 1\,992)^2$$
$$+ e_t \qquad\qquad\qquad [3.3]$$

线性和二次项样条回归都可以避免回归线出现突然中断,但是二次项样条回归还可以避免回归线斜率的突然变化。这说明:在二次项样条回归中,只有斜率变化速度发生改变时回归线才会改变方向,而斜率本身变化时回归线的方向不会变。换句话说,该模型在函数和函数的变化率上是连续的,但是在函数变化率的变化速度上是不连续的。这说明二次项样条回归的回归线比线性样条回归的要平滑。图 3.4 是使用二次项样条回归(方程 3.3)对利率数据进行估计得出的结果。

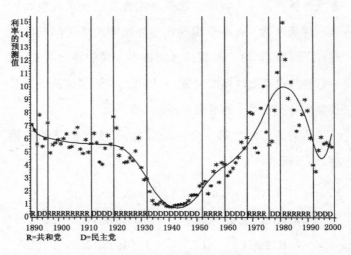

图 3.4 利率的二次项样条回归模型

同样地,我们可以用三次项代替二次项,三次项样条回归的结果如图 3.5 所示。如果我们用四次项代替三次项，将得到图 3.6 所示的结果。技术上讲，我们可以不断地加入更高次项，但是高次项模型的结果并不一定更好。

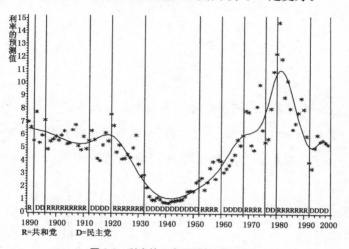

图 3.5　利率的三次项样条回归模型

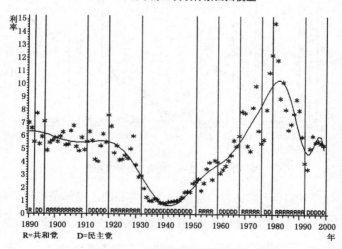

图 3.6　利率的四次项样条回归模型

第 3 节 │ 混合样条回归模型

　　在样条回归模型中加入不同次方项就构成了混合样条模型，例如二次项—三次项样条模型就在模型中同时加入了二次方和三次方的调节项，得出的结果如图 3.7 所示。

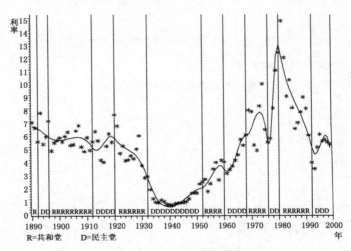

图 3.7　二次项—三次项混合样条模型

　　我们也可以结合二次项样条模型和四次项样条模型，得到二次项—四次项样条模型，其结果如图 3.8 所示。同理，我们也可以得到二次项—五次项的混合样条模型，如图 3.9 所示。最后，我们再把线性、二次项和五次项结合在一起，得到一个线性—二次项—五次项的三重混合模型，如图 3.10 所示。

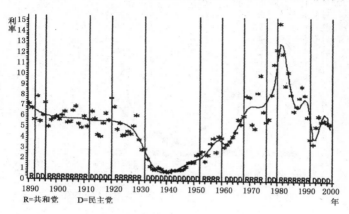

图 3.8　二次项—四次项混合样条模型

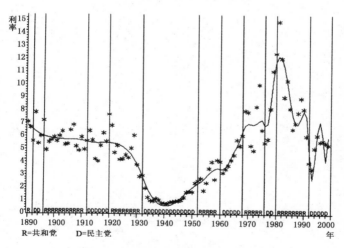

图 3.9　二次项—五次项混合样条模型

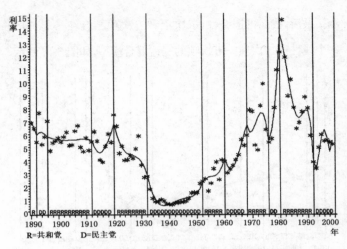

图 3.10　线性—二次项—五次项三重混合样条模型

第 4 节 | 模型比较的问题

　　我们怎么确定哪一个模型最好呢？这个问题涉及科学方法背后更深层次的问题。我们假设总体中存在着系统性的关系，并希望这些关系能够反映在样本中。但是也有这种可能：某样本中呈现出的关系仅仅存在于该样本，在总体中并不存在。问题在于如何区分哪些关系仅仅存在于样本中、哪些关系存在于样本中并且反映了总体的情况。科学方法就是为了解决这类问题而出现的。在进行实验之前（即在看样本数据之前），化学系学生会被要求在笔记本的左边详细写下实验方法和各种可能的结果及其解释。作为这种方法的延伸，在社会科学研究中，开始分析数据之前，我们需要明确要使用的模型、关于残差项的假设以及用于检验的显著性水平。

　　只有在方法论明确之后我们才能开始实验。在笔记本的右边我们要详细记录实验的观察结果。这种科学方法在技术上也是有意义的。例如：只有在估计之前明确了模型，我们才能知道学生 t 分布或者 F 分布的假设是否合适,才能进行检验分析。否则,不断尝试不同的模型会让我们陷入探索性分析之中,有些分析会破坏进行学生 t 检验、F 检验或者计算置信区间所需要的分布假设。这种探索性方法有时会被称为事前检验(pretesting)。在实际操作中,它意味着我们在第一轮估计中可以依赖 t 检验或者 F 检验,但是,在以第一轮估计结果为条件的后继估计中,我们不能再依赖 t 检验或者 F 检验。

　　前面的讨论可以归结为一个问题:如何避免过度拟合样本数据。换句话说,在什么时候我们应该停止"提高"模型拟合度,以免过度拟合样本而降低了样本对总体的代表性。毕竟,过度拟合对于样本范围内的插值(interpolation)和预测样本范围之外的值都是无益的。

第 5 节 | 选择模型的标准

现在我们来看看模型选择的基本标准。虽然关于模型选择的标准非常多,有些在技术上很复杂,但是在这里我们采用简单回归分析最基本、最常用的方法。具体来说,我们考虑的因素包括:决定系数或者说 R 平方、调整后的 R 平方、F 统计值、t 统计值、多重共线性、自相关,以及总体感觉,即在何种程度上模型及其拟合优度符合理论预期和常识。

表3.1 模型选择比较标准

模　型	R 平方	调整后的 R 平方	F 统计值	共线性	自相关	自变量数量	排除的自变量数量
简单回归	0.036 9	0.027 9	4.133	1	0.217	1	0
多项式回归	0.366 1	0.348 1	20.404	9.3E−12	0.329	3	9
线性样条	0.850 3	0.831 8	45.927	5.0E−24	1.216	12	0
二次项样条	0.815 6	0.792 8	35.748	1.9E−34	1.096	12	0
三次项样条	0.838 6	0.818 7	42.006	1.6E−41	1.198	12	0
四次项样条	0.827 1	0.805 7	38.657	1.3E−46	1.151	12	0
五次项样条	0.830 8	0.809 9	39.698	2.1E−50	1.165	12	0
二次项—三次项	0.896 0	0.869 7	34.071	2.7E−92	1.683	22	2
二次项—四次项	0.885 1	0.856 1	30.467	3.3E−96	1.554	22	2
二次项—五次项	0.895 1	0.868 6	33.742	2.2E−97	1.711	22	2
线性—二次项—五次项	0.924 1	0.892 6	29.307	2.4E−132	2.139	32	4

　　表 3.1 的第一列是我们要进行比较的各个模型。第二列是决定系数或者说 R 平方。第三列是调整后的 R 平方，通常表示为 $\hat{R}^2$。第四列是 F 统计值，它提供了模型的总体检验。第五列表示共线性的程度，通过自变量相关矩阵的行列式（determinant）来反映。第六列是用杜宾-瓦特森检验统计量来反映的自相关性。第七列是回归用到的自变量个数。最后一列是多余的自变量数目，即：与模型保留的其他自变量的线性组合完全相关、被统计软件排除的自变量的数目。换句话说，最后一列是我们试图加入到模型中、但是不得不排除的自变量的个数。

　　第一行是简单回归的结果，我们仅仅用时间对利率进行了回归，没有考虑两党的执政情况。R 平方、调整后的 R 平方、F 统计值和杜宾-瓦特森统计值都非常低，说明我们遗漏了重要自变量或是使用了错误的函数形式。简单线性回归中，反映共线性的行列式等于 1，这是因为这个模型里只有一个自变量，没有其他自变量和它相关。由此我们可以得出结论：直线回归不足以反映六个月期商业债券的利率变化。

第 6 节 ｜ 多项式回归和完全共线性

如果不采用样条回归,反映利率非线性变化的一个方法就是使用多项式回归,即:用时间、时间的平方项、时间的立方项等对利率进行回归。表 3.1 的第二行就是多项式回归的结果,它的 R 平方、调整后的 R 平方和 F 统计值都比简单回归高了一些,但是仅仅有 3 个自变量被保留下来。虽然我们加入了自变量的 1 到 12 次方项,但是有 9 项都与其他 3 项的线性组合完全相关而被排除。事实上,模型最后只保留了自变量的一次方、二次方和五次方,其他的多项式都可以用这三个变量的线性组合来表示。自变量——年份的三次方项、四次方项都与年份和年份平方项的线性组合完全相关,因此被排除(即使没有年份的五次方项)。

在实际应用中,完全多重共线性大大限制了多项式回归的用处。正如表 3.1 中显示的那样,仅仅依靠 3 个自变量很难较好地反映利率随时间的变化。当多重共线性很低时,反映共线性的行列式就接近于 1,反之则接近于 0。因此除了简单回归之外,所有模型都表现出了较高的共线性。

第 7 节｜*F* 统计量和 *t* 统计量

　　多重共线性程度高，模型就很难分离出每个自变量对利率浮动的影响大小。但是，除简单回归之外，所有模型的 *F* 统计量在统计上都非常显著。如图 3.3 所示，线性样条回归的估计结果显示：5 个样条调整变量（它们分别代表着开始于 1920 年、1932 年、1976 年、1980 年和 1992 年的 5 个执政期）的 *t* 值在统计上都非常显著。共和党的每一次竞选胜利（1920 年和 1980 年）都引发了利率斜率的下降，相反，民主党的上台（1932 年、1976 年和 1992 年）则带来了利率斜率的上扬。不过这种强烈的反差其实是一种误导，正如我们前面已经讨论过的，在最终分析时我们还需要对回归斜率进行加权处理。

　　一个有趣的现象是：随着我们在样条回归中加入更高次方的项（即二次方、三次方、四次方和五次方），回归线会更为平滑，但是 *t* 统计量和模型总体的 *F* 统计量的显著性都会有所下降。换句话说，我们可以拒绝这个假设：总的来说民主党在执政期内倾向于提高利率，而共和党执政期内则倾向于降低利率。

　　另一方面,如果我想知道某一届政府——无论是共和党政府还是民主党政府——是否影响了利率的走势,我们会发现:线性样条回归和三次项样条回归的结果都显示上述五届政府对利率有显著的影响。但是,大多数其他样条回归模型会给出不一致的结果,即:大多数斜率调节变量在很多其他形式的样条回归模型中是不显著的(在此不进行详细讨论)。

第 8 节 │ 自相关和杜宾-瓦特森
统计量

　　在"自相关"那一列,当杜宾-瓦特森(Durbin-Watson,DW)检验的统计量接近于 2 时就不能拒绝没有自相关性这一零假设。DW 的值逼近于 0 说明有正向的自相关,逼近于 4 说明有负向自相关。表 3.1 中大部分模型的 DW 值要么拒绝了没有自相关的零假设,显示出自变量有正向的自相关,要么处于不确定区间内。只有最后一行显示,线性—二次项—五次项三重混合样条模型的 DW 值约等于 2。没有自相关在一定程度上说明该模型在结构上已经足以反映数据的情况。同时,该模型的 R 平方(包括调整后的 R 平方)是最高的,从这个意义上说,我们可以认为最后一个是最好的模型。但是,虽然计算调整后的 R 平方式已经考虑到了模型所用的自由度,但是我们用 110 个观察值去估计 33 个参数会限制置信度水平。即使我们接受模型的整体效度,"多重共线性"一列中行列式的值非常小,模型的 t 值也很小(未显示在表中),使我们很难解释自变量的参数。我们的选择应该在线性样条模型和线性—二次项—五次项三重混合模型中进行,前者的 F 统计量和 t 值都足够大,但是后者对数据的拟合更好,在 R 平方、调整后的 R 平方和DW统计量这几个指标上都更好,不过在 F 统计值、t 统计值和多重共线性这三个指标上表现较差。究竟应该选哪个模型取决于我们估计模型的目的。如果我们的初衷是为了解释每一个单独的系数,那么线性模型更适合。但是如果我们是想得到最契合数据结构的模型,那就应该选择三重混合模型。

第 4 章

节点未知的样条模型

　　有时我们知道样条节点的数目,但是不知道它们的具体位置,本章就将讨论在这种情况下如何确定样条节点的位置。通过分析读者还会看到:样条回归不仅可以用于时间序列数据,在截面数据中也大有用处。马希和辛多恩(Marsh & Sindone,1991)的研究就是一个很好的案例,他们用房产所处的地段而不是时间去估计房产的价值。在本章中,我们用受访者的年龄而不是时间去估计他们的宗教虔诚度。

　　我们的研究问题来自宗教社会学:宗教在日常生活中的重要性在整个生命历程里是怎样变化的? 即,一个人的年龄会影响宗教对他/她的重要性吗? 具体来说,如果我们假设人的一生中有三个时点,宗教对个人生活的影响在这些时点会发生变化,那么,这些时点会在几岁的时候出现呢? 样条回归如何帮助我们确定这三个时点呢?

第 1 节 | 将离散型测量转化为连续型测量

　　首先要解决的问题是建构一个合适的连续型等距测量来反映宗教对个人生活的影响。在这里我们使用的是1996 年美国全国选举调查。我们从一个二分变量入手，该题询问受访者："宗教是你生活中的重要部分吗？"1 178 名受访者回答了"是"，另外 319 人回答"否"。为了得到一个连续的测量，我们用一系列测量宗教参与和虔诚度的变量对这个二分变量进行 logistic 回归，得到了这个变量的预测值，或者说受访者回答"是"的概率预测值。

　　进一步说，在这个 logistic 方程中我们用到的自变量来自以下 8 个问题：

　　1. 你多长时间会祈祷一次？

　　2. 你多长时间会阅读一次《圣经》？

　　3. 你认为《圣经》是上帝的意旨吗？

　　4. 你参加宗教服务吗？

　　5. 你对学校组织祈祷怎么看？

6. 你对学校祈祷问题的看法有多强烈?

7. 你参加了多少个教堂组织?

8. 你参加了多少个其他宗教组织?

这个 logistic 方程的预测值与观察值的一致度高达 93.3%,仅有 6.7%的预测值与观察值不一致。模型的似然率,logistic 模型总体的卡方检验统计值为 777.6,其对应的 p 值小于 0.000 1,具有很强的统计性。简言之,这 8 个问题很好地解释了宗教在人们生活中的重要性。因此我们可以使用这个由 logistic 回归生成的连续变量来测量宗教重要性,用样条回归模型估计宗教重要性与年龄的关系。需要指出的是,因为我们仅仅使用了截面数据,因此我们并不能区分出年龄效应和同期群效应。因此,这里的“年龄”可以用“出生年”代替,年龄效应可以归结为代际差异。此外,读者可能会发现另外一些更好的测量宗教重要性的指标,具体谈论可以参见莱格和凯尔斯泰特(Leege & Kellstedt,1993)或者莱格、凯尔斯泰特和沃德(Leege,Kellstedt & Wald,1990)的研究。

在运行回归之前,我们先就年龄和宗教重要性画了一幅图来展示数据的情况,如图 4.1 所示。由于 20 岁以下和 76 岁以上的受访者不足 10 人,这部分受访者的宗教重要性的预测值很可能不是那么可靠,并且呈现出比其他人数众多的组更极端的趋势。这导致了宗教重要性的预测值在“年龄”横轴的一头一尾明显偏高。

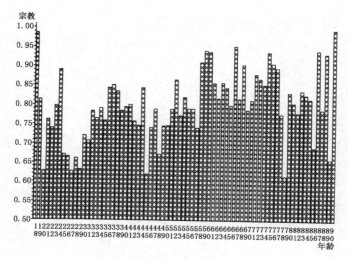

图 4.1　宗教重要性的预测值和年龄

第 2 节 | 中断回归分析

　　中断回归分析比样条回归分析应用得更广,相关的介绍也更多,具体例子可以参见刘易斯-贝克的介绍(Lewis-Beck,1986),包括古巴革命对古巴经济增长的影响,煤矿安全生产法令对矿难死亡率的影响,肯塔基州限速法令对车祸致死率的影响。因此,我们将先用中断回归分析年龄对宗教重要性的影响,并指出这种方法存在的问题。需要注意的是,中断回归和样条回归的最重要的区别在于:中断回归强调突然变化,而样条回归强调平滑的转变,回归线没有明显的中断。

　　最基本的研究问题是:宗教在个人生活中是否扮演着重要角色? 通常,常数项或者说截距项测量的是与均值的差异。但是在这里我们想知道:一个人的宗教虔诚度是否异于 0,而非是否异于均值。因此常数项必须和其他自变量一起共同用于解释个人的宗教虔诚度是否异于 0,这样才能保证回归的 R 平方和 F 统计量回答了正确的研究问题。本章中的回归既检验了个体的宗教虔诚度是否异于

0,又为该测量提供了统计显著性的总体检验。

我们的分析先从转折点已知的情况开始(就像上一章讨论的那样),然后再展示利用样本数据估计转折点或样条节点的方法。我们先用简单中断回归分析有三个转折点的情况[35 岁($K1=35$),55 岁($K2=55$),75 岁($K3=75$)]。我们假设有理论或者研究指出这三个年龄就是转折点。

第 3 节 | 仅调整截距

　　第一个中断回归仅仅调整了指定的每个年龄段的回归线截距。为了做到这一点,我们要生成与 3 个年龄点($K1=35$, $K2=55$, $K3=75$)相对应的虚拟变量。如果受访者的年龄小于或等于 $K1$ 年时,第一个虚拟变量 $D1=0$,如果大于 $K1$ 年,则 $D1=1$。同理,如果受访者的年龄小于或等于 $K2$ 年,则第二个虚拟变量 $D2=0$,反之 $D2=1$。当受访者的年龄小于或等于 $K3$ 年时,第三个虚拟变量 $D3=0$,反之 $D3=1$。

　　图 4.2a 是采用这种方法用年龄和三个调整变量(回归线发生变化的三个年龄点:$K1=35$, $K2=55$, $K3=75$)对宗教重要性做回归得出的结果。模型的 R 平方为 0.878 0,F 统计值为 2 146.879,模型拟合度较好。这个结果从统计角度显著拒绝了零假设,即年龄对解释宗教重要性没有影响。然而,与年龄有关的变量的系数和 t 统计值显示:年龄对宗教重要性的影响并不是连续的。相反,年龄的影响由三条不连续的回归线表示。具体而言,对 35 岁以上的人来

因变量:宗教

变异分析

变异来源	自由度	平方和	均值平方	F 值	p 值
模型	5	930.038 90	186.007 78	2 146.879	0.000 1
残差	1492	129.268 42	0.086 64		
总体	1 497	1 059.307 32			

	残差平方根	0.294 35	R 平方	0.878 0
	因变量均值	0.786 90	调整后的 R 平方	0.877 6
	变异系数	37.405 94		

参数估计

变量	自由度	参数估计	标准误	零假设检验：参数 $= 0$	p 值
截距	1	0.737 548	0.043 739 69	16.862	0.000 1
年龄	1	$-0.000\ 294$	0.001 429 88	-0.206	0.836 9
$D1$	1	0.056 538	0.028 987 70	1.950	0.051 3
$D2$	1	0.076 162	0.035 611 82	2.139	0.032 6
$D3$	1	$-0.029\ 216$	0.038 734 75	-0.754	0.450 8

(a)

(b)

图 4.2 宗教重要性(a)虚拟变量中断回归的结果
(b)中断回归结果和残差的图示

说,回归线向上平移了;到了 55 岁则进一步向上平移;到了 75 岁回归线则向下平移,这些趋势可以从年龄段的虚拟变量 $D1$, $D2$ 和 $D3$ 的系数看出来,它们分别为 0.056 538, 0.076 162 和-0.029 216。不过,只有 $D1$ 和 $D2$ 的系数在统计上是显著的。图 4.2b 显示了三段回归线以及回归的残差(围绕 0 上下波动的曲线)。

　　这样的回归线给我们的直接印象就是:过于古板,缺少灵活性,不足以反映行为的变化,与我们的直觉不一致。尤其是从残差图可以看出,多段回归线平行这一假设其实是很难保证的。如果使用的是时间序列数据,残差的分布会显示出强烈的正向自相关,因为残差会慢慢地向 0 这条线靠近。但是,不仅残差分布趋向于 0 这条线,当每段回归线的斜率增加时,残差分布的走向就会向下。从残差分布可以看出:上述模型存在模型设定错误,该模型太过严格以致无法反映真实的数据情况。

第 4 节 | 同时调整截距和斜率

　　由于简单的中断回归存在上述问题,现在我们使用一
种更灵活的方法,即在每一个变化点上,同时调整回归线
的截距和斜率。我们可以通过在回归方程中再加入三个
新的自变量来实现这一点。用原有的三个虚拟变量乘上
年龄变量就构成了需要加入的三个新调整变量。此时,当
虚拟变量发生变化导致回归线的截距改变时,其斜率也会
相应变化。换句话说,虚拟变量 $D1$、$D2$ 和 $D3$ 会改变回
归线的截距,在截距发生改变时,$D1^*$ 年龄、$D2^*$ 年龄、
$D3^*$ 年龄会相应地改变回归线的斜率。

　　使用这种中断回归估计出的结果如图 4.3a 所示。模
型的 R 平方值为 0.878 3, F 统计值为 1 342.726,对应的 p
值小于 0.000 1。这些指标显示模型拒绝了零假设:宗教在
人们的日常生活中没有重要性。换句话说,包含三个调节
截距的虚拟变量和三个调节斜率的调节变量的模型总体
上很好地解释了宗教重要性的变异。但是,年龄的估计系
数为 0.002 402, t 统计值为 0.789,对应的 p 值为 0.430 0,

说明年龄的影响在统计上并不显著异于 0。实际上，唯一具有统计显著性的系数估计只有 $D1$，其表示回归线在年龄为 35 时会向上平移。

　　从图 4.3b 中可以看到，到 35 岁之后，回归线的斜率由原来的 0.002 402 变成了 $-0.003\,300(0.002\,402-0.005\,702)$，35 岁之前，回归线是一条向上的线，到了 35 岁之后就开始微向下走了。同时，35 岁之后回归线的截距还向上移动了 0.267 513。因为 0 岁不在我们的样本范围内，这种向上移动在统计上是显著的。第三、四段回归线在统计上并不显著异于第二段，因为它们的 t 值太小而 p 值太大。

因变量:宗教
变异分析

变异来源	自由度	平方和	均值平方	F 值	p 值
模型	8	930.345 40	116.293 17	1 342.726	0.000 1
残差	1 489	128.961 92	0.086 61		
总体	1 497	1 059.307 32			
	残差平方根	0.294 30	R 平方	0.878 3	
	因变量均值	0.786 90	调整后的 R 平方	0.877 6	
	变异系数	37.399 19			

参数估计

变量	自由度	参数估计	标准误	零假设检验:参数 = 0	p 值
截距	1	0.659 650	0.089 081 26	7.405	0.000 1
年龄	1	0.002 402	0.003 043 45	0.789	0.430 0
$D1$	1	0.267 513	0.131 545 88	2.034	0.042 2
$D2$	1	$-0.214\,792$	0.198 864 45	-1.080	0.280 3
$D3$	1	0.114 707	0.526 375 77	0.218	0.827 5
$D1*$ 年龄	1	$-0.005\,702$	0.003 736 87	-1.526	0.127 3
$D2*$ 年龄	1	0.005 429	0.003 429 44	1.583	0.113 6
$D3*$ 年龄	1	$-0.002\,253$	0.006 643 50	-0.339	0.734 6

(a)

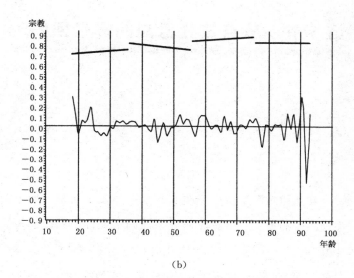

(b)

图 4.3　(a)同时调整截距和斜率的回归；
　　　　(b)多段回归线的截距、斜率和残差图

第 5 节 │ 节点位置已知的样条回归

　　样条回归模型适用于改变不是突然发生而是方向上有所改变的情况。这意味着样条回归不允许回归线出现中断，而只允许其斜率发生变化或其他更微小的变化。样条回归强调回归线的平滑和连续，因此剧烈的改变不适用于样条模型。不过，在这个研究例子中，对宗教的态度的改变应当是逐渐发生的，因此使用样条回归模型会更合适。

　　我们讨论的第一个样条回归模型有固定的样条节点，分别位于三个年龄点：$K1=35$，$K2=55$，$K3=75$。之后我们会讨论样条节点为未知参数、需要估计的情况。我们先从第一种情况开始。如果读者对估计未知的样条节点（如 $K1$，$K2$，$K3$）感兴趣，可以参考马希、毛得加尔和拉曼（Marsh, Maudgal & Raman, 1990）的研究。现在，我们使用前面定义过的三个虚拟变量 $D1$，$D2$ 和 $D3$ 生成三个新变量作为样条回归的自变量，这三个新变量分别是：$D1^*$（年龄－$K1$），$D2^*$（年龄－$K2$）以及 $D3^*$（年龄－$K3$）。

在年龄到达 $K1$ 岁之前时,$D1$ 都等于 0;年龄超过 $K1$ 时,$D1$ 为 1。因此,$D1^*$(年龄－$K1$)永远不会为负值,它的最小值为 0,当年龄为 36,37,38,…时,它的取值为 1,2,3,…。相似地,$D2^*$(年龄－$K2$)和 $D3^*$(年龄－$K3$)也如此。总之,模型只有 4 个自变量:年龄,$D1^*$(年龄－$K1$),$D2^*$(年龄－$K2$)以及 $D3^*$(年龄－$K3$)。回归结果如图 4.4a 所示。

较之上一个模型,这个样条回归模型的 R 平方值略有降低,从 0.878 3 降到了 0.877 6。但是,前者的参数多了 3 个,意味着多用了 3 个自由度。此外,样条回归模型总体的 F 统计值有较大的提高,为 2 138.596,大大高于之前模型的 1 342.726。并且,这个模型中年龄变量的系数也具有统计显著性了,它的 t 统计值为 2.040,对应的 p 值为 0.041 6。

最后我们还是要回到理论,至少模型的选择要符合我们的常识。如果我们相信:对宗教的态度不会在年龄达到某个点时突然改变,那我们就应该选择样条回归模型,因为它的函数没有突然跳跃,只是回归线在三个样条节点处会有些许改变。在 35 岁之前,随着年龄的增加,宗教在日常生活中的重要性也在增加,这一阶段回归线的斜率为 0.005 082。在 35 岁之后,回归线的斜率依然是正值,只是稍有减小,变成了 0.001 222(即 0.005 082－0.003 860)。从图 4.4b 中可以看出,在 35 岁的时候,回归线向上的趋势更平缓了一些。

　　第二个发生改变的点是 55 岁。在 55 岁的左边,回归线的斜率比较小,为 0.001 222。过了 55 岁,斜率增加到了 0.003 932(即 0.001 222＋0.002 710)。同样地,从图 4.4b 中我们可以看到,55 岁到 75 岁这段的回归线明显上扬。最后,在 75 岁之后回归线的斜率就成为了负值,为－0.005 936(即 0.003 932－0.009 868)。残差图的结果也比较令人满意,虽然在年龄的极值处残差还有较大变异(即存在异方差性),这可能是由较小和较大年龄段的样本量不足导致的。

　　就测量宗教在人们生活中的重要性来说,这个模型较

因变量:宗教

变异分析

变异来源	自由度	平方和	均值平方	F 值	p 值
模型	5	929.599 54	185.919 91	2 138.596	0.000 1
残差	1 492	129.707 78	0.086 94		
总体	1 497	1 059.307 32			
	残差平方根	0.294 85	R 平方	0.877 6	
	因变量均值	0.786 90	调整后的 R 平方	0.877 1	
	变异系数	37.469 46			

参数估计

变量	自由度	参数估计	标准误	零假设检验: 参数＝0	p 值
截距	1	0.592 060	0.077 451 23	7.644	0.000 1
年龄	1	0.005 082	0.002 491 42	2.040	0.041 6
$D1^*$(年龄－$K1$)	1	－0.003 860	0.003 446 56	－1.120	0.262 9
$D2^*$(年龄－$K2$)	1	0.002 710	0.002 860 49	0.947	0.343 6
$D3^*$(年龄－$K3$)	1	－0.009 868	0.005 367 17	－1.839	0.066 2

(a)

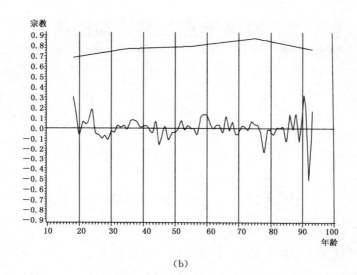

（b）

**图 4.4 （a）三个样条节点的回归
（b）样条回归线和残差图**

为合理。更进一步说，图 4.4b 显示：在 35 岁之前宗教的重
要性一直在上升，这可能是因为生育了孩子的家庭出于教
育年幼孩子的需要，更加强调宗教价值观。35 岁之后，宗
教的重要性继续上升，但是速度变缓。直到 55 岁，宗教的
重要性显著加强，这可能是因为到了退休年龄的人们对宗
教活动投入了更多的热情。最后，75 岁之后宗教的重要性
就开始逐渐下降了，其中的原因很难解释。

第 6 节 | 样条节点位置未知的估计

上文的讨论都基于这样一个假设:我们已经知道了转变点或者样条节点的位置。现在我们要阐述本章的重点,即介绍当样条节点位置未知时如何估计出这些位置。具体来说,我们将 $K1$, $K2$ 和 $K3$ 视为已知常数,但是我们想利用样条模型将它们以及其他一些回归系数估计出来。要做到这一点,我们需要转向非线性最小二乘回归,因为在我们的模型中包含了一些项,它们涉及样条节点参数和普通回归系数。这些项是交叉积项(cross-product term),来自样条节点参数和回归系数的交互。我们想要估计的模型如下:

$$Y_i = a + b0^* \, \text{age}_i + b1^* \, D1_i^* (\text{age}_i - K1)$$
$$+ b2^* \, D2_i^* (\text{age}_i - K2)$$
$$+ b3^* \, D3_i^* (\text{age}_i - K3) + e_i \qquad (4.1)$$

其中,Y_i 是宗教重要性的测量,e_i 是第 i 个人的残差项。为了进行非线性估计,我们将方程 4.1 写成如下形式:

$$Y_i = a + b0^* \text{age}_i + b1^* D1_i^* \text{age}_i$$
$$- b1^* K1^* D1_i + b2^* D2_i^* \text{age}_i$$
$$- b2^* K2^* D2_i + b3^* D3_i^* \text{age}_i$$
$$- b3^* K3^* D3_i + e_i$$

需要注意的是三个交叉积项：$b1^* K1$，$b2^* K2$ 和 $b3^* K3$。这些交叉积项需要我们使用非线性回归来估计 8 个回归参数：a，$b0$，$b1$，$K1$，$b2$，$K2$，$b3$，$K3$。

经过 8 次迭代，非线性最小二乘就收敛了，样条回归的结果如图 4.5a 所示。因为模型是非线性的，不服从于 F 分布，没有 F 统计值，但是我们可以看到：被模型解释掉的均值平方与未被解释的均值平方（即残差）之比为 1 341.427，这个值已经足够大。渐近 95% 置信区间显示：有 6 个估计的回归参数在 5% 的显著性水平下是渐近显著的。如果读者对如何解释非线性回归的估计系数感兴趣，可以参见马希、麦格林和查克拉博蒂（Marsh，McGlynn & Chakraborty，1994）的介绍。有意思的是，我们可以看到原来的三个样条节点：35，55 和 75 现在已经被替换为 38，45 和 71。虽然我们还是假设有且仅有 3 个样条节点，但是我们还是通过允许回归程序估计出它们的位置，大大提高了模型的灵活性。

图 4.5b 展示了宗教重要性的预测值及残差分布。回归线的形状和固定样条节点的回归很相似，只是样条节点的位置发生了变化，各段回归线的斜率也相应发生了

非线性最小二乘　　　　　　　　　　　　　　　　因变量:宗教

变异分析

来源	自由度	平方和	均值平方
回归	8	930.235 694 5	116.279 461 8
残差	1 489	129.071 624 4	0.086 683 4
总体(未修正)	1 497	1 059.307 319 0	
总体(修正)	1 496	132.340 383 1	

参数	估计	渐近标准误	渐近 95% 置信区间	
			下限	上限
a	0.550 238 47	0.073 345 207 7	0.406 365 054	0.694 111 883
$b0$	0.006 600 04	0.002 353 224 0	0.001 983 975	0.011 216 108
$b1$	$-0.015 330 73$	0.010 262 807 1	$-0.035 462 174$	0.004 800 718
$b2$	0.013 896 91	0.010 134 879 0	$-0.005 983 597$	0.033 777 409
$b3$	$-0.009 624 22$	0.004 139 341 8	$-0.017 743 920$	$-0.001 504 515$
$K1$	38.344 762 92	3.007 986 680 2	32.444 318 602	44.245 207 241
$K2$	45.000 169 22	3.167 065 740 5	38.787 676 594	51.212 661 838
$K3$	70.939 926 36	4.470 677 452 5	62.170 278 687	79.709 574 026

(a)

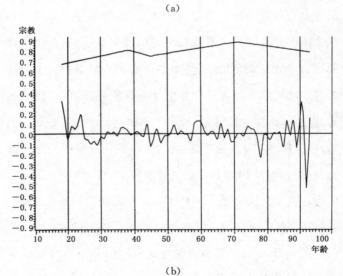

(b)

图 4.5　(a)"线性"非线性样条回归结果;
(b)"线性"非线性样条回归和残差

一些改变。使用前例中计算斜率的方法，可以计算出 4 段回归线的斜率分别是 0.006 600，$-0.008\,731$，0.005 166 和$-0.004\,458$。总体来说，这个结果验证了前面三个回归的主要结果，但是模型更加灵活，结果也更加可信。

第 7 节 ▎样条节点未知的二项式样条回归

最后,我们再在上述模型的基础上加入二次项,以检验样条回归线是线性的这一假设是否过于严格。二次项样条回归模型是否比线性样条模型更好呢?我们现在就在模型中加入一些二次项,估计它们的系数,并看看模型是否有显著提高。我们需要在方程 4.1 的基础上加入以下三个二次项变量: $D1^*(age - K1)^2$, $D2^*(age - K2)^2$ 和 $D3^*(age - K3)^2$。下列二项式现在加入到了方程 4.1 中:

$$+c1^*D1^*(age - K1)^2 + c2^*D2^*(age - K2)^2$$
$$+c3^*D3^*(age - K3)^2$$

于是我们就有 11 个参数需要估计: a, $b0$, $b1$, $c1$, $K1$, $b2$, $c2$, $K2$, $b3$, $c3$, $K3$。

图 4.6a 是非线性最小二乘回归的结果,经过 17 次迭代最小二乘估计成功收敛了。均值平方比从前例的 1 341.427 降到了 976.387,说明我们多加入了 3 个参数,但是并没有

提高模型对数据的拟合度。与上个模型一样,有 6 个参数
在 5% 的显著性水平上显著。但是新增加的三个参数 $c1$,
$c2$ 和 $c3$ 在统计上都没有显著异于 0。

　　图 4.6a 中另一个值得注意的是估计的样条节点的位
置,分别为 38.8,45 和 75。虽然我们引入了二次项以加大
模型的灵活度,但是样条的节点和位置并没有非常大的变
化(之前的估计是 38,45 和 71)。这也说明了很难预计非
线性模型的估计结果,因为它们在数学上没有线性模型稳
定(除非是在一些非常简单的情况下)。

　　图 4.6b 是二次项样条回归的结果和模型的残差图。
残差图的变化不太,在年龄取值的两端变异性仍然很大。
与前面线性样条回归模型不同,此二次项样条回归的最后
一段回归线有一个下沉的趋势。我们可以通过以下方程
计算出该下沉回归线的最低点:

age

$$= \frac{[b0+(b1-2^* K1^* c1)+(b2-2^* K2^* c2)+(b3-2^* K3^* c3)]}{[-2^*(c1+c2+c3)]}$$

通过代入相关数值可以得出该点为 82.816 575 13 岁。这
个结果说明:随着年龄的增长,宗教在人们日常生活中的
重要性上升,一直到 38.8 岁,之后开始下降,到约 45 岁时
又重新开始上升,直到另一个峰值:约 75 岁。然后再次下
降,到 82.8 岁之后,又呈上升之势。

非线性最小二乘   因变量:宗教
变异分析

来源	自由度	平方和	均值平方
回归	11	930.557 268 0	84.596 115 3
残差	1 486	128.750 050 9	0.086 642 0
总体(未修正)	1 497	1 059.307 319 0	
总体(修正)	1 496	132.340 383 1	

参数	估计	渐近标准误	渐近 95% 置信区间	
			下限	上限
a	0.544 267 95	0.073 327 690 0	0.400 428 663	0.688 107 238
$b0$	0.006 832 47	0.002 352 662 0	0.002 217 493	0.011 447 437
$b1$	$-0.020\ 429\ 23$	0.038 016 236 9	$-0.095\ 001\ 721$	0.054 143 259
$b2$	0.025 733 83	0.036 378 484 2	$-0.045\ 626\ 050$	0.097 093 712
$b3$	$-0.014\ 677\ 19$	0.017 349 279 5	$-0.048\ 709\ 466$	0.019 355 081
$K1$	38.768 096 88	2.773 605 907 8	33.327 403 213	44.208 790 539
$K2$	45.013 500 18	2.283 332 282 4	40.534 525 198	49.492 475 168
$K3$	75.000 056 79	5.250 342 782 7	64.701 006 504	85.299 107 067
$C1$	$-0.000\ 102\ 27$	0.005 638 224 8	$-0.011\ 162\ 184$	0.010 957 652
$C2$	$-0.000\ 103\ 65$	0.005 641 099 6	$-0.011\ 169\ 208$	0.010 961 907
$C3$	0.001 240 09	0.001 375 071 8	$-0.001\ 457\ 248$	0.003 937 422

(a)

(b)

图 4.6   (a)"二次项"非线性样条回归结果;
(b)"二次项"非线性样条回归和残差

第 8 节 | 沃德检验

经过上述讨论之后我们想知道,这个结果多大程度上是可信的? 在没有相关理论支撑的前提下,最后一个非线性回归结果可能太过于精确因而不是那么可信。如何从统计的角度判断是否存在虚假精确性呢? 沃德检验可以帮助我们找到答案。该方法检验二次项系数 $c1$, $c2$ 和 $c3$ 作为一个整体在统计上是否显著。在本例中,沃德检验的统计值是 $0.5\,755\,006$。沃德检验的统计值渐近服从自由度为限制个数的卡方分布(参见 Greene, 2000)。在这里零假设由三个限制组成,即 $c1=0$, $c2=0$ 和 $c3=0$,因此自由度为 3。查卡方分布表可以得到:在有 3 个自由度的情况下,10% 的显著性水平对应的值为 6.25。0.575 5 这个值太小,远远达不到拒绝零假设的要求。所以,无论从统计角度还是常识的角度,二次项样条回归都存在"虚假精确性"的问题,我们必须拒绝二次项样条模型,而使用前面的"线性"非线性样条回归。

第 9 节 ｜ **模型选择小结**

　　通过估计和检验样条回归模型，我们已经回答了以下
研究问题：宗教重要性在人的一生中会如何变化、发生多
大的变化？最好的模型是"线性的"非线性样条模型，它采
用了非线性最小二乘法估计程序去确定三个样条节点的
位置。宗教在人们生活中的重要性在青年阶段持续上升，
第一个峰值出现在 38 岁；之后呈下降之势，直到 45 岁时又
开始回升，71 岁后再次下降。

　　需要指出的是，我们给出这个例子主要是为了展示样
条回归的方法，而不是对宗教重要性展开探讨，因此我们
并没有控制同期群影响和其他控制变量。

第**5**章

样条节点数量未知的样条回归

在前面的章节中，我们都假设样条节点的具体数目是事先已知的。如果我们还知道这些节点的具体位置，我们就可以使用限制的线性最小二乘法估计。反之，节点位置就和其他需要估计的回归系数（参数）一起，成为了额外的需要估计的参数，这时就需要使用非线性最小二乘估计方法。本章要讨论的内容则更复杂一些：我们假设我们连样条节点的数目都不知道。研究案例中使用的估计方法最早是由马希在 1983 年提出的，之后他又对这个方法进行了改进（Marsh，1986）。我们将使用以天计算的时间作为样条变量（自变量）。

第 1 节 | 非参数估计法:逐步回归

　　处理这类问题的一般做法是构造多个可能存在的样条节点,然后通过逐步回归法挑选出那些在统计上最显著的节点。在逐步回归中,我们事先并不知道哪些变量会被选中,甚至不知道有多少个变量会被选中。因为变量数量未知,模型最终需要的系数(参数)的数量也是未知的。当参数数量未知时,这样的估计方法就称为非参数法。有趣的是,非参数估计得出的模型拥有的参数往往比参数模型要多得多。换句话说,从定义上讲,参数模型的参数数量(以及函数形式)在估计之前就是已知的,而这些信息在非参数模型中是事先未知的。

　　为了使我们的介绍更有趣,我们选择了一个和大家的切身利益相关的例子:退休后的收入。具体来说,我们想知道如何估计出大家 TIAA-CREF* 退休基金账户的金额

---

　　* TIAA-CREF:全称为"教育保险和养老金协会——高校退休股票基金"(Teachers Insurance and Annuity Association——College Retirement Equities Fund),《财富》百强金融服务机构,为学术、研究、医疗和文化领域从业者提供退休养老金服务。——译者注

增长。本章关注的是估计本身，而不是假设检验。在这种
情况下进行假设检验是非常复杂的，因为很难确定合适的
统计分布。图 5.1 是大家在 TIAA-CREF 的网站上看到的
界面，在这个界面上大家可以分配养老金账户的收益。通
过另外一个相似的界面大家还可以分配账户的本金，但是
每个月不能超过 3 次（即 TIAA-CREF 不允许"日间交易"）。
截至 2000 年 6 月 30 日，TIAA-CREF 最大的账户是 CREF
股票（CREF Stock），坐拥 1 330 亿美元，之后是 CREF 成长

退休养老金	JANEC.DOE/Retirement Annuity A1234567 选择新的收益分配		
累积查询			
历史查询			
查询/变更收益分配			
转账		现有	更新
查询/取消预定转账计划	TIAA 传统	20%	
	TIAA 不动产	0%	
共同基金	CREF 股票	50%	
概览——所有账户	CREF 货币市场	3%	
概览——指定账户	CREF 社会选择	7%	
交易历史	CREF 债券市场	0%	
正在处理中的交易	CREF 全球股票	5%	
购买额外股份	CREF 成长	15%	
基金之间的交易份额	CREF 股票指数	0%	
	CREF 通胀挂钩债券	0%	
个人养老金	总计	100%	%
累积查询			
历史查询	选择其他合约	分配变更申请	
查询/变更收益分配			
转账			
查询/取消预定转账计划			

图 5.1　TIAA-CREF 退休账户分配页面

基金（CREF Growth，172 亿美元）、CREF 全球股票（CREF Global Equities，97 亿美元）和 CREF 货币市场（CREF Money Market，66 亿美元）。也就是说，退休养老金的绝大部分都被投入了 CREF 股票账户。因此我们用 CREF 股票账户的单位价值（即每股的价格）来演示如何估计样条节点的数量和位置，从而估计出最重要的 TIAA-CREF 退休金账户的增长率。

可用的 CREF 股票数据从 1988 年 4 月 1 日开始直到现在。图 5.2 显示了最近三年的情况。首先我们用 1998 年、1999 年和 2000 年的数据来估计样条回归模型。之后至本章结束，我们简要介绍如何利用样本数据预测样本以

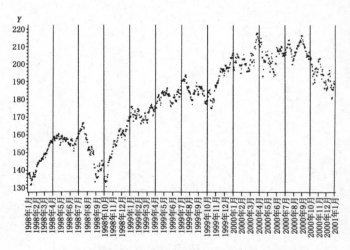

图 5.2　CREF 股票账户价值：1998 年、1999 年和 2000 年

外的数据，我们会展示使用 1988 年到 1998 年的数据预测
1999 年到 2000 年数据的方法。当然，呈现已经发生的事
情比预测将来要发生的事情容易得多，通过观察各种方法
读者可以看出这种技术处理的局限。

第 2 节 ｜ 确定样条节点的数量、位置和多项式的次数

　　首先我们需要明确：我们希望样条回归线有多平滑？换句话说，我们准备使用线性样条节点、二次项样条节点、三次项样条节点还是其他多项式的节点？虽然可以把多种类型都放入模型中，然后让逐步回归选出最合适的，但是在本例中我们使用了三次项节点。我们并不知道最终有几个样条节点会被逐步回归选中，但还是需要事先设定一套固定的节点以供估计。设定样条节点的一种方法是：根据数据的取值范围，将其分为若干等份。在本例中，每一个等份由一定的天数组成。另一个方法是把样条变量的一些观测值作为潜在的样条节点。对时间数据来说，这两个方法都是一样的。但是对截面数据来说，例如前面章节中提到的宗教和年龄的例子，样条变量是年龄，如果我们将年龄分成若干等份，有些等份中可能会包括样本没有直接观察到的年龄。此外，如果时间是以像年这样的整数值单位来测量的，分段可以用一年的某一部分来表示（如：

季度、月、星期等),这样一来,样条回归线的变化就可能发生在一年之中。

因为我们有 CREF 股票 772 个观测值,我们首先要生成 772 个虚拟变量,用 D_j 表示。当时间大于 K_j 时,$D_j =$ 1;当时间小于或等于 K_j 时,$D_j = 0$。其中,$K_j = j$,$j =$ 1,…,772。 其次,我们生成 772 个三次项样条节点变量,用 C_j 表示,$C_j = D_j^*$(时间 $- K_j$)^3,其中 $j = 1$,…,772。请注意,对所有观察值来说,$K_1 = 1$,$K_2 = 2$,以此类推。例如,对于所有观测值来说,$K_{250} = 250$,但是,时间小于等于 250 时,$D_{250} = 0$;当时间大于 250 时,$D_{250} = 1$。 因此,对于第 1 个到第 250 个观测值来说,$C_{250} = 0$;但是对于第 251,252,253 个观测值,C_{250} 分别为 1,2,3,以此类推。C_1 到 C_{772} 这 772 个三次项样条节点调节变量的构造方法都相同。当然,逐步回归仅仅会选择那些在统计上显著的样条调节变量进入到我们的 CREF 股票模型中。

这个逐步回归模型的因变量是 CREF 股票的单位价值。自变量包括时间,表示为 1960 年 1 月 1 日以来的天数(虽然我们的数据从 1988 年 4 月 1 日才开始)。此外,我们还放入了时间的二次方项和三次项以及 772 个三次项样条调节变量作为潜在的自变量。逐步回归模型产生了大量的步骤,每一步都会向模型中加入(或者减去)一个变量。为了展示逐步回归如何确定最合适的模型,我们比较了第 7,19 和 51 步的结果和相应的图形。

第 3 节 | **长期投资:平滑的样条回归**

我们对第 7 步的模型感兴趣,因为这个模型总体的 F 统计值最大,R 平方值也大于 0.95,即它解释了 95% 以上的 CREF 股票单位价值的变异,如图 5.3 所示。令人感到惊奇的是,它仅仅使用了 5 个三次项样条节点。这 5 个样条节点是 $C2$,$C155$,$C201$,$C207$ 和 $C457$,对应的是第 2,155,201,207 和 457 个观察值。即使逐步回归没有选择把时间的三次项放入模型,$C2$ 保留在模型中已经说明在第二个观察值时我们就需要用到三次项了。标记为 F 的一列是 t 统计值的平方,最后一列是其对应的 p 值,这些统计量和 F 单尾检验及其对应的 t 双尾检验完全相同。进入模型和保留在模型中所需要的显著性水平都设定得非常宽松(接近 1),使变量能够更容易进入和保留在模型中。模型的目的在于拟合 CREF 股票的表现,图 5.4 中的直线是拟合的或者说预测的该股票单位价值,而点表示该股票实际的单位价值。

第7步　变量$C155$进入模型　R平方:0.956 501 49　$c(p) = 2\,566.619\,088\,8$

	自由度	平方和	均值平方	F	p值
回归	7	370 543.158 707 87	52 934.736 958 27	2 399.97	0.000 1
残差	764	16 851.070 333 40	22.056 374 78		
总体	771	387 394.229 041 27			

变量	参数估计	标准误	II型平方和	F	p值
截距	−80 052.360 513 36	71 047.441 915 95	28.001 772 73	1.27	0.260 2
时间	11.263 202 53	10.193 855 00	26.926 568 80	1.22	0.269 6
时间的平方	−0.000 395 26	0.000 365 65	25.772 359 91	1.17	0.280 1
$C2$	−0.000 002 62	0.000 000 89	189.798 156 44	8.61	0.003 5
$C155$	0.000 065 66	0.000 004 27	5 215.858 907 51	236.48	0.000 1
$C201$	−0.000 533 96	0.000 024 41	10 557.433 676 19	478.66	0.000 1
$C207$	0.000 472 29	0.000 021 05	11 103.954 191 05	503.44	0.000 1
$C457$	−0.000 002 53	0.000 000 11	11 177.166 622 88	506.75	0.000 1

条件数的边界值(Bounds on condition number)　　4.363 3E8　　1.069E10

图 5.3　逐步回归结果:第 7 步

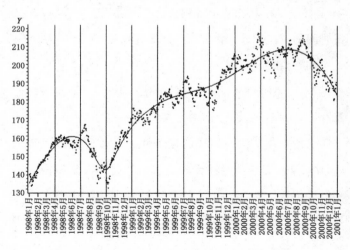

图 5.4　实际和预测的 CREF 股票单位价值:第 7 步

从长期来看，这个模型很好地拟合了 CREF 股票的总体走势。具体来说，图形显示出该股票价格一直处于上升趋势，到了 1998 年夏末秋初时出现突然下降；而最后一次股价下降是在 2000 年 7 月左右。能够呈现这一趋势，对于那些相对年轻、不着急提取退休养老金的人来说可能已经足够了，但是对于那些接近退休年龄的人来说这个模型还不够精确，后者希望有更精确的模型来帮助他们评估 CREF 股票的短期风险。为了满足他们的需要，我们来看看逐步回归第 19 步得出的模型。

第 4 节 ▏ 中期投资：中度敏感的样条回归

　　逐步回归第 19 步的结果如图 5.5 所示。虽然这个模型的 F 统计值比第 7 步的模型略小，R 平方值却升高至 0.97 多，并且所有回归系数在统计上都是高度显著的。这个模型有 13 个样条调节变量。我们注意到这些系数的符号呈现出正负交替的趋势，这说明如果不加以限制，回归线向上和向下的趋势都会继续下去。这一趋势会使预测样本范围之外的情况变得更加困难。换句话说，如果我们拟合在自变量取值范围内的数值，简单的样条回归就足够了；如果要预测取值范围之外的数值，则需要使用更复杂的样条模型。

　　图 5.6 中，曲线是我们用样条模型预测的股票单位价值，点则是实际的价值。这条曲线更敏感地捕捉到了数据的变化，因此比第 7 步的曲线更加灵活。除了展示了 1998 年和 2000 年下半年的股价下降之外，这条曲线还勾勒出了 1999 年秋天的股价下滑和 2000 年上半年的两次显著的价

格下降。

第 19 步　变量 $C725$ 被移除　R 平方：0.972 424 81　$c(p) = 1\,366.322\,177\,0$

	自由度	平方和	均值平方	F	p 值
回归	15	376 711.757 713 29	25 114.117 180 89	1 777.33	0.000 1
残差	756	10 682.471 327 98	14.130 253 08		
总体	771	387 394.229 041 27			

变量	参数估计	标准误	Ⅱ型平方和	F	p 值
截距	−623 421.747 929 5	113 722.465 407 64	424.640 394 60	30.05	0.000 1
时间	89.339 331 04	16.333 271 82	422.755 195 21	29.92	0.000 1
时间的平方	−0.003 199 92	0.000 586 46	420.676 649 10	29.77	0.000 1
$C2$	0.000 007 65	0.000 001 92	223.319 941 28	15.80	0.000 1
$C112$	−0.000 044 63	0.000 006 19	735.659 486 28	52.06	0.000 1
$C155$	0.000 169 11	0.000 011 36	3 130.213 248 89	221.53	0.000 1
$C201$	−0.001 143 05	0.000 055 99	5 888.845 952 66	416.75	0.000 1
$C207$	0.001 026 45	0.000 050 14	5 923.027 393 35	419.17	0.000 1
$C298$	−0.000 022 59	0.000 001 76	2 323.760 214 92	164.45	0.000 1
$C410$	0.000 050 21	0.000 003 36	3 158.296 069 36	223.51	0.000 1
$C457$	−0.000 126 73	0.000 008 91	2 857.811 941 96	202.25	0.000 1
$C495$	0.000 157 14	0.000 013 72	1 852.506 966 08	131.10	0.000 1
$C537$	−0.000 187 47	0.000 019 79	1 268.270 848 21	89.76	0.000 1
$C565$	0.000 191 04	0.000 019 50	1 355.914 026 97	95.96	0.000 1
$C615$	−0.000 288 55	0.000 026 97	1 618.069 715 64	114.51	0.000 1
$C626$	0.000 218 47	0.000 020 77	1 562.716 852 88	110.59	0.000 1
条件数的边界值(Bounds on condition number)		3.584 8E9	1.458E11		

图 5.5　逐步回归结果：第 19 步

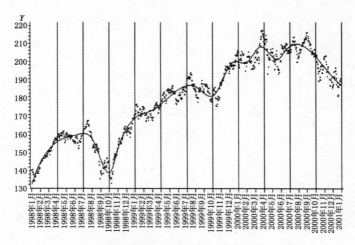

图 5.6   实际和预测的 CREF 股票单位价值：第 19 步

第 5 节 │ **短期投资：高度敏感的样条回归**

　　最后让我们来看看第 51 步的情况，这个模型是逐步回归程序自动终止前最好的一个模型。模型的结果如图 5.7 所示。模型总体的 F 统计值从第 7 步的 2 399.97 降至第 19 步的 1 777.33，到了第 51 步时，降为 1 195.27。同时 R 平方值升到了 0.98 多。36 个回归系数在统计上都高度显著，它们的 p 值均小于 0.000 1。同样地，我们注意到回归系数的符号呈现出明显的正负交替的趋势。

　　图 5.8 是上述模型的视觉化结果。对于短期投资者来说，这个模型提供了更为详尽的关于 CREF 股票价值的信息。至少大家可以从历史角度看出什么时候该把 CREF 股票兑换成现金或者其他现金等价物，如 CREF 货币市场基金等。第 51 步的模型对数据更加敏感，主要体现在它有效地拟合了股价在 2000 年中发生的几乎所有的明显下降以及回弹。就对历史数据的代表性来说，这个模型总体上很好。

第51步　变量417进入模型　　R平方：0.982 711 06　　$c(p) = 620.609\,716\,46$

	自由度	平方和	均值平方	F	p值
回归	35	380 696.594 849 58	10 877.045 567 13	1 195.27	0.000 1
残差	736	6 697.634 191 69	9.100 046 46		
总体	771	387 394.229 041 27			
变量	参数估计	标准误	Ⅱ型平方和	F	p值
截距	−594 345.273 604 6	91 891.465 542 01	380.689 484 08	41.83	0.000 1
时间	85.160 287 67	13.197 944 66	378.883 107 81	41.64	0.000 1
时间的平方	−0.003 049 76	0.000 473 89	376.895 353 43	41.42	0.000 1
$C2$	0.000 007 05	0.000 001 56	185.817 153 92	20.42	0.000 1
$C112$	−0.000 040 84	0.000 005 15	571.276 145 40	62.78	0.000 1
$C155$	0.000 155 13	0.000 010 37	2 037.116 726 43	223.86	0.000 1
$C201$	−0.000 960 16	0.000 071 43	1 644.241 980 65	180.69	0.000 1
$C207$	0.000 835 74	0.000 069 06	1 332.690 191 14	146.45	0.000 1
$C277$	0.000 177 94	0.000 028 85	346.113 659 50	38.03	0.000 1
$C298$	−0.000 421 52	0.000 056 98	497.995 432 84	54.72	0.000 1
$C318$	0.000 339 50	0.000 046 71	480.701 582 12	52.82	0.000 1
$C355$	−0.000 179 49	0.000 029 65	333.451 974 56	36.64	0.000 1
$C386$	0.000 186 58	0.000 037 31	227.557 612 71	25.01	0.000 1
$C417$	−0.000 310 89	0.000 066 53	198.713 341 01	21.84	0.000 1
$C437$	0.000 605 30	0.000 097 63	349.805 057 72	38.44	0.000 1
$C457$	−0.000 699 03	0.000 091 08	536.006 425 79	58.90	0.000 1
$C488$	0.000 907 95	0.000 164 13	278.481 952 63	30.60	0.000 1
$C495$	−0.000 677 00	0.000 146 22	195.084 347 39	21.44	0.000 1
$C537$	0.000 658 93	0.000 088 02	510.010 737 43	56.04	0.000 1
$C552$	−0.001 534 02	0.000 154 16	901.096 376 63	99.02	0.000 1
$C572$	0.002 176 81	0.000 231 61	803.829 306 32	88.33	0.000 1
$C587$	−0.002 009 82	0.000 291 31	433.148 103 88	47.60	0.000 1
$C611$	0.014 763 68	0.002 180 13	417.320 653 54	45.86	0.000 1
$C615$	−0.024 412 86	0.003 479 58	447.948 895 49	49.22	0.000 1
$C623$	0.026 397 54	0.003 978 60	400.598 391 17	44.02	0.000 1
$C626$	−0.016 671 38	0.002 682 63	351.451 975 41	38.62	0.000 1
$C648$	0.001 468 80	0.000 265 93	277.606 997 61	30.51	0.000 1
$C669$	−0.002 693 66	0.000 387 53	439.665 951 75	48.31	0.000 1
$C680$	0.003 537 95	0.000 583 86	334.144 101 26	36.27	0.000 1
$C693$	−0.002 883 57	0.000 637 87	185.970 898 99	20.44	0.000 1
$C710$	0.032 477 51	0.005 158 91	360.656 110 01	39.63	0.000 1
$C712$	−0.034 143 31	0.005 162 10	398.108 726 25	43.75	0.000 1
$C728$	0.004 592 49	0.000 503 33	757.601 332 45	83.25	0.000 1
$C752$	−0.144 681 96	0.019 616 68	495.018 516 83	54.40	0.000 1
$C753$	0.156 484 46	0.021 535 13	480.497 514 18	52.80	0.000 1
$C763$	−0.029 807 94	0.005 786 64	241.465 392 44	26.53	0.000 1
条件数的边界值(Bounds on condition number)		9.059E9	1.256E12		

图 5.7　逐步回归结果：第 51 步

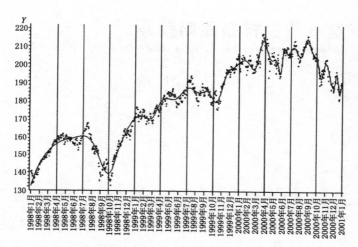

图 5.8　实际和预测的 CREF 股票单位价值：第 51 步

第 6 节 ┃ 样条回归预测

　　虽然上述模型可以很好地拟合历史数据，但我们可能更想知道 CREF 股票未来的走势。专研股票的历史表现很有趣，就像看足球比赛的回放一样，但是这种回顾本身还不足以为未来的投资提供指导。遗憾的是，要对未来进行预测需要用到非常复杂的样条回归模型，这些模型应用到的技术已经超出了本书的讨论范围。不过，我们还是提供了一些这类复杂模型的图形化结果，让读者对这些方法的应用范围和基本过程有一些了解。

　　我们的样本包括了 1988 年 4 月 1 日开始到 1998 年 12 月 31 日的数据，我们将用这个时间段内 CREF 股票的单位价值去估计一个 90 天预测模型的参数，即提前 90 天预测出 CREF 股票的走势，以便投资者有机会在拐点之前及时调整投资策略。图 5.9 展示了用样本数据预测 1999 年 1 月 1 日到 2000 年 12 月 31 日的数据的结果。锯齿状的预测线比实际走势波动更大。因此，需要通过一些标准化的移动平均程序（moving-average procedure）使预测线更平滑一些。具体的步骤留待未来研究去讨论。

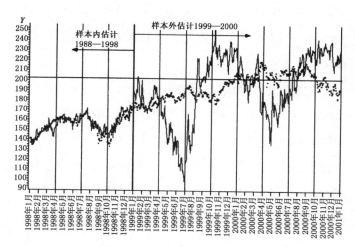

图 5.9　CREF 股票单位价值的样本外 90 天预测图

最后，我们使用 1988 年到 1998 年的数据去估计 30 天样条预测模型（提前 30 天预测出股票走势）。同样，我们也用图表结果来展示该模型预测的 1999 年、2000 年的股票走势，让读者直观地看到这个模型的预测能力。图 5.10 显示了 1998 年样本内的走势和 1999—2000 年样本外的预测。

从图表中可以很清楚地看到这个 30 天的预测模型比 90 天预测模型更接近 1999—2000 年 CREF 股票单位价值的真实情况。这一对比告诉我们：我们需要在长期预测和预测的精确性之间有一个权衡。但是，即使是 30 天预测模型也没有令人完全满意，因为有很多点不准确，可能会形成误导,依据这些预测进行投资带来的损失可能比简单的买入—持有策略带来的损失还要大。在 1999 年秋天和 2000 年秋天的时候尤其是这样,这些时段的预测值和实际值相去甚远。

毋庸置疑,要很好地预测共同基金产品,如 CREF 股票的走势,还有非常多的工作要做。样条回归是很多方法中的一种,但是我们认为它是非常有前景的一种。对于波动性没有那么大的数据,如人口普查数据、汽车销量数据等,即使是比较简单的样条回归(就像我们在这里展示的这样),也已经能够很好地进行一些短期预测。

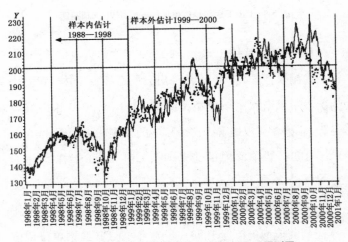

图 5.10　CREF 股票单位价值的样本外 30 天预测图

第**6**章

总结和结论

　　我们已经向读者介绍了样条回归模型。该模型可以被视为中断回归和多项式回归的扩展或者限制形式，而不是这两种模型的替代性模型。通过援引前人研究并结合研究实例，我们展示了在实际社会科学研究中样条回归模型的适用范围和优点。

　　具体来说，第 1 章里我们介绍了样条回归的适用范围，给出的例子是奥尔索普和韦斯伯格进行的 1984 年美国总统选举投票者的政党认同研究（Allsop & Weisburg，1988）。他们将竞选分为四个时期，估计了四段回归线。虽然他们使用了逐步线性回归，但我们指出他们也可以使用二次项或三次项样条回归来估计，以增加模型的灵活性和回归线的平滑度。我们没有他们使用的数据，因此我们未能用其他方法来复制他们的研究。

　　使用刘易斯—贝克（Lewis-Beck，1986）和麦克道尔等学者（McDowall et al.，1980）提到的例子，我们在第 2 章中比较了样条回归和中断回归。样条回归是虚拟变量模型

的一种,只是它包含了一个或多个样条调节变量(Smith,
1979)来限制回归线不出现突然中断。通过一套模拟的政
客支持率的数据,援引平代克和鲁宾菲尔德(Pindyck &
Rubinfeld, 1998)的解释框架,我们看到样条回归可以被视
为中断回归的扩展或者受限制的形式。我们还将样条回
归和多项式回归进行了比较。这些例子主要是为了展示
如何将样条回归的参数转化为相应的传统回归的系数(即
截距、斜率等)。

　　第 3 章介绍了当样条节点位置已知时的估计方法,使
用的研究案例是:民主党和共和党的执政是否对六个月期
商业债券的利率有影响? 通过 1890 年以来 11 次白宫政权
交替的数据,我们想检验:在民主党任期内,利率上升或下
降的幅度是否比在共和党任期内更大? 出人意料的是,我
们发现虽然两党执政期间利率都出现了下降,但是在民主
党任期内下降得更多。我们比较了线性、二次项、三次项、
更高次项和混合样条回归,综合考虑了多个指标,包括调
整后的 R 平方、F 统计量、t 统计值、多重共线性测量及一
阶自相关的杜宾—瓦特森检验。我们指出:没有一刀切的
模型选择的标准,研究者的分析目的决定了哪些指标更为
重要,应给予首要考虑。

　　第 4 章在前章的基础上更进了一步,我们讨论了样条
节点位置未知时如何估计出它们的位置。虽然这种估计
更有意思,但是也更复杂,需要使用到非线性最小二乘回

归。我们使用的例子是宗教虔诚度和年龄的关系研究（来自宗教社会学）。最初的样条节点在 35 岁、55 岁和 75 岁，使用非线性最小二乘估计程序后，样条节点变为了 38 岁、45 岁和 71 岁。我们还讨论了如何使用了沃德检验和常识性知识来选择最优模型。

最后，第 5 章介绍了如何估计样条节点的数量，它们的多项式形式（线性、平方项、立方项等）以及它们的位置。应用最小二乘回归，逐步回归程序根据统计显著性，一次加入一个样条节点，并在大量的模型中进行选择。我们例子使用的数据来自 TIAA-CREF 退休金系统的 CREF 股票单位价值。短期、中期和长期投资需要不同平滑程度的样条回归线。我们给出的 30 天和 90 天预测模型都没有得到令人满意的结果。

我们希望这些贴近生活的研究案例能够帮助读者更好地理解样条回归模型的适用情况、如何建立和估计样条模型，以及如何选择最合适的模型。

附录

用 SAS® 程序计算标准误

```
DATA ONE; * DEMOCRATIC VS. REPUBLICAN EFFECT ON INTEREST RATES;
  INPUT INTEREST © © ; N + 1 ; YEAR = 1989 + N;
  IF YEAR > 1888 THEN REP1 = 1; ELSE REP1 = 0; RYEAR1 = REP1 * (YEAR - 1888);
  IF YEAR > 1892 THEN DEM1 = 1; ELSE DEM1 = 0; DYEAR1 = DEM1 * (YEAR - 1892);
  IF YEAR > 1896 THEN REP2 = 1; ELSE REP2 = 0; RYEAR2 = REP2 * (YEAR - 1896);
  IF YEAR > 1912 THEN DEM2 = 1; ELSE DEM2 = 0; DYEAR2 = DEM2 * (YEAR - 1912);
  IF YEAR > 1920 THEN REP3 = 1; ELSE REP3 = 0; RYEAR3 = REP3 * (YEAR - 1920);
  IF YEAR > 1932 THEN DEM3 = 1; ELSE DEM3 = 0; DYEAR3 = DEM3 * (YEAR - 1932);
  IF YEAR > 1952 THEN REP4 = 1; ELSE REP4 = 0; RYEAR4 = REP4 * (YEAR - 1952);
  IF YEAR > 1960 THEN DEM4 = 1; ELSE DEM4 = 0; DYEAR4 = DEM4 * (YEAR - 1960);
  IF YEAR > 1968 THEN REP5 = 1; ELSE REP5 = 0; RYEAR5 = REP5 * (YEAR - 1968);
  IF YEAR > 1976 THEN DEM5 = 1; ELSE DEM5 = 0; DYEAR5 = DEM5 * (YEAR - 1976);
  IF YEAR > 1980 THEN REP6 = 1; ELSE REP6 = 0; RYEAR6 = REP6 * (YEAR - 1980);
  IF YEAR > 1992 THEN DEM6 = 1; ELSE DEM6 = 0; DYEAR6 = DEM6 * (YEAR - 1992);
  CARDS;
  6.91 6.48 5.40 7.64 5.22 5.80 7.02 4.72 5.34 5.50 5.71 5.40 5.81 6.16
  5.14 5.18 6.25 6.66 5.00 4.67 5.72 4.75 5.41 6.20 5.47 4.01 3.84 5.07
  6.02 5.37 7.50 6.62 4.52 5.07 3.98 4.02 4.34 4.11 4.85 5.85 3.59 2.64
  2.73 1.73 1.02 0.76 0.75 0.94 0.81 0.59 0.56 0.53 0.66 0.69 0.73 0.75
  0.81 1.03 1.44 1.49 1.45 2.16 2.33 2.52 1.58 2.18 3.31 3.81 2.46 3.97
  3.85 2.97 3.26 3.55 3.97 4.38 5.55 5.10 5.90 7.83 7.71 5.11 4.73 8.15
  9.84 6.32 5.34 5.61 7.99 10.91 12.29 14.76 11.89 8.89 10.16 8.01 6.39
  6.85 7.68 8.80 7.95 5.85 3.80 3.30 4.93 5.93 5.42 5.51 5.34 5.18
  ;
PROC REG OUTEST = BETAS COVOUT;
  MODEL INTEREST = RYEAR1 - RYEAR6 / P DW; OUTPUT
  OUT = NEWDATA P = PINTRATE;
  data coeff; set betas; if _TYPE_ = 'COV'; n + 1; if 2 le n le 13;
  keep RYEAR1 - RYEAR6 DYEAR1 - DYEAR6;
PROC IML; use coeff; read all into bt; b = bt ';
  LT1 = J(12, 12, 1); DO I = 1 to 12; do j = 1 to 12; if i<j then
  LT1[I, j] = 0; end; end;
  d = LT1 * b; use COVD; read all into COVD;
  AREP = {3 16 12 8 8 12}/59; ADEM = {4 8 20 8 4 7}/51; AREP = -1 * AREP;
  A = AREP||ADEM;
  Ddiff = A * d;  ACOVA = A * COVD * A ';  reverse = vecdiag(diag(d * A));
  WALD = ddiff ' * inv(ACOVA) * ddiff;  tstat = sqrt(WALD);
  tstatt = ddiff/sqrt(ACOVA);
  print b   d ,  ddiff , A , COVD , tstat tstatt reverse;
```

注释

［1］虽然假设通常都是针对误差项的，但是出于实际操作的考虑，我们常常将针对误差项的假设表述为针对因变量的条件分布的假设。

［2］SAS 是北卡罗来纳州凯里镇的 SAS 软件研究所在美国和其他国家的注册商标。®表示在美国注册。

［3］从统计上来说这不是一个问题，因为我们假设因变量 Y_1 到 Y_{110} 是联合正态分布的（因此残差项也是联合正态分布的）。由于回归系数估计量(b)是 Y 的线性组合，因此 b 也是联合正态分布的。此外，任何 b 的线性组合自身都是正态分布的（因为任何联合正态分布的随机变量的线性组合都服从于正态分布）。鉴于真实的总体标准差是未知的，需要通过样本数据估计，我们可以很容易地得到这个问题的 t 检验统计值，因为我们检验的是线性模型的单一线性限制。

参考文献

ALLSOP, D., and WEISBERG, H. F.(1988). Measuring change in party identification in an election campaign. *American Journal of Political Science*, *32*(4), 996—1017.

BUSE, A., and LIM, L. (1977) Cubic splines as a special case of restricted least squares. *Journal of the American Statistical Association 72*, 64—68.

CARROLL, R. J. (2000). *Nonparametric regression in longitudinal models: Locality of kernel and spline methods.* Paper presented to the Department of Statistics, Purdue University, November 30.

GREENE, W. H.(2000). *Econometric analysis.* Upper Saddle River, NJ: Prentice-Hall.

KANBUR, S. M. R. (1983). Labor supply under uncertainty with piecewise linear tax regimes. *Economica*, *5*(200), 379—394.

LEEGE, D. C., and KELLSTEDT, L. A.(1993). *Rediscovering the religious factor in American politics.* Armonk, NY: M.E. Sharpe.

LEEGE, D. C., KELLSTEDT, L. A., and WALD, K. D.(1990). *Religion and politics: A report on measures of religiosity in the 1989 NES pilot study.* Paper presented at the annual meeting of the Midwest Political Science Association, Chicago.

LEWIS-BECK, M. S.(1986). Interrupted time series. In W.O. Berry and M.S. Lewis-Beck (Eds.), *New tools for social scientists: Advances and applications.* Newbury Park, CA: Sage.

MARSH, L. C.(1983). On estimating spline regressions. *Proceedings of SAS® Users Group International*, *8*, 723—728.

MARSH, L. C.(1986). Estimating the number and location of knots in spline regressions. *Journal of Applied Business Research*, *3*, 60—70.

MARSH, L. C., MAUDGAL, M., and RAMAN, J.(1990). Alternative methods of estimating piecewise linear and higher order regression models using SAS® software. *Proceedings of SAS® Users Group International*, *15*, 523—527.

MARSH, L. C., McGLYNN, M., and CHAKRABORTY, D.(1994). Interpreting complex nonlinear models. *Proceedings of SAS® User's*

Group International, *19*, 1185—1189.

MARSH, L. C., and SINDONE, A. B. (1991). A calibration technique for estimating the effect of location on the values of residential properties. *The Property Tax Journal*, *10(2)*, 261—276.

McDOWALL, D., McCLEARY, R., MEIDINGER, E. E., and HAY, R.A.(1980). *Interrupted time series analysis*. Newbury Park, CA: Sage.

McNEIL, D. R., TRUSSELL, T. J., and TURNER, J. C.(1977). Spline interpolation of demographic date. *Demography*, *14(2)*, 245—252.

PINDYCK, R. S., and RUBINFELD, D. L.(1998). *Econometric models and economic forecasts*, (4th ed.) New York: Irwin/McGraw-Hill.

POIRIER, D. J.(1973). Piecewise regression using cubic splines. *Journal of the American Statistical Association*, *68*, 515—524.

SMITH, P. L.(1979). Splines as a useful and convenient statistical tool. *The American Statistician*, *33(2)*, 57—62.

SPEYRER, J. F., and RAGAS, W. R.(1991). Housing prices and flood risk: An examination using spline regression. *Journal of Real Estate Finance and Economics*, *4(4)*, 395—407.

STRAWCZYNSKI, M.(1998). Social insurance and the optimal piecewise linear income tax. *Journal of Public Economics*, *63(3)*, 371—388.

SUITS, D. B., MASON, A., and CHAN, L.(1978). Spline functions fitted by standard regression methods. *Review of Economics and Statistics*, *60*, 132—139.

译名对照表

adjustment variable	调节变量
asymptotic	渐近
autocorrelation	自相关
coefficient of determination	决定系数
coefficient of variation	变异系数
cohort effect	同期群效应
constant term	常数项
critical value	临界值
cross-product term	交叉积项
degree of freedom	自由度
Durbin-Watson statistic	杜宾—瓦特森统计量
error	误差
first order autocorrelation	一阶自相关
F statistic	F 统计量
iteration	迭代
intervention analysis	干预分析
interrupted regression	中断回归
interpolation	插值
likelihood ratio	似然率
mean square	均值平方
multicollinearity	多重共线性
nonlinear least squared regression	非线性最小二乘回归
parameter	参数
piecewise linear regression	逐段线性回归
polynomial regression	多项式回归
R-squared	R 平方
residual	残差
Root MSE	残差平方根
spline adjustment variable	样条调节变量
spline regression	样条回归

spline knot	样条节点
sum of squares	平方和
stepwise regression	逐步回归
student t test	学生 t 检验
t statistics	t 统计量
validity	效度

图书在版编目（CIP）数据

样条回归模型/（美）劳伦斯·C.马希
（Lawrence C. Marsh），（美）戴维·R.科米尔
（David R. Cormier）著；缪佳译.—上海：格致出版
社：上海人民出版社，2017.8
（格致方法·定量研究系列）
ISBN 978-7-5432-2770-5

Ⅰ.①样… Ⅱ.①劳… ②戴… ③缪… Ⅲ.①样条函
数-自回归模型 Ⅳ.①0241.5

中国版本图书馆 CIP 数据核字（2017）第 155080 号

责任编辑 张苗凤

格致方法·定量研究系列

样条回归模型

[美] 劳伦斯·C.马希
　　　 戴维·R.科米尔 著

缪佳 译 许多多 校

出　版	世纪出版股份有限公司　格致出版社	印　刷	上海商务联西印刷有限公司
	世纪出版集团　上海人民出版社	开　本	920×1168　1/32
	（200001　上海福建中路 193 号　www.ewen.co）	印　张	4.25
		字　数	68,000
	编辑部热线　021-63914988	版　次	2017 年 8 月第 1 版
	市场部热线　021-63914081	印　次	2017 年 8 月第 1 次印刷
	www.hibooks.cn		
发　行	上海世纪出版股份有限公司发行中心		

ISBN 978-7-5432-2770-5/C·183　　　　　　　　　　定价：30.00 元

格致方法·定量研究系列